全国教育科学"十三五"规划教育部重点课题
"职业教育系统培育工匠精神研究"（课题编号：DJA160280）最终研究成果

职业教育系统培育工匠精神研究

朱厚望　刘　阳　杨　虹　等著

电子工业出版社
Publishing House of Electronics Industry
北京·BEIJING

内 容 简 介

本书以职业教育培育工匠精神为出发点，系统研究了"工匠精神的内涵与现代特征是什么""工匠精神培育现状及影响因素是什么""如何构建职业教育系统培育工匠精神的学校模式"等一系列问题。

本书共九章，详细论述了工匠精神的核心概念与理论基础，工匠精神的本土传承历史及国外发展概况，职业教育工匠精神培育现状，职业教育系统培育工匠精神的学校模式、基本路径及保障体系，以航空工匠新生代人才培养为例给出了工匠精神传承与创新的具体做法，充分反映了职业教育工匠精神培育的发展现状与最新成果，具有较强的实践性、推广性和借鉴性。

本书为职业院校人才培养，特别是工匠型人才培养提供范式，可作为职业院校工匠精神培育的指导用书，还可为教育行政部门工作人员提供参考和借鉴。

未经许可，不得以任何方式复制或抄袭本书之部分或全部内容。
版权所有，侵权必究。

图书在版编目（CIP）数据

职业教育系统培育工匠精神研究/朱厚望等著. —北京：电子工业出版社，2020.5
ISBN 978-7-121-37682-5

Ⅰ. ①职… Ⅱ. ①朱… Ⅲ. ①职业道德—教学研究—职业教育 Ⅳ. ①B822.9

中国版本图书馆 CIP 数据核字（2019）第 246974 号

责任编辑：王昭松
印　　刷：北京虎彩文化传播有限公司
装　　订：北京虎彩文化传播有限公司
出版发行：电子工业出版社
　　　　　北京市海淀区万寿路 173 信箱　邮编：100036
开　　本：720×1 000　1/16　印张：11.75　字数：174.5 千字
版　　次：2020 年 5 月第 1 版
印　　次：2020 年 6 月第 2 次印刷
定　　价：68.00 元

凡所购买电子工业出版社图书有缺损问题，请向购买书店调换。若书店售缺，请与本社发行部联系，联系及邮购电话：（010）88254888，88258888。
质量投诉请发邮件至 zlts@phei.com.cn，盗版侵权举报请发邮件至 dbqq@phei.com.cn。
本书咨询联系方式：（010）88254015，wangzs@phei.com.cn，QQ：83169290。

前　言

近年来，随着国家对大国工匠的推崇，工匠精神成为全社会关注的热点。2016年3月，李克强总理在政府工作报告中明确提出，鼓励企业开展个性化定制、柔性化生产，培育精益求精的工匠精神，增品种、提品质、创品牌。从2016年至2019年，"工匠精神"四度被写入政府工作报告，充分显示了工匠精神对我国现阶段社会经济发展和文化建设的重要性。

在中华民族悠久的历史发展长河中，一代代工匠展现出爱岗敬业的工作态度、精益求精的职业精神和登峰造极的精湛技艺，成为推动社会进步、经济发展的重要力量。现阶段，我国已进入一个新的历史时期，习近平总书记在中国共产党第十九次全国代表大会报告中强调，要"弘扬劳模精神和工匠精神，营造劳动光荣的社会风尚和精益求精的敬业风气"。工匠精神在新时代经济社会发展与产业转型升级中承担着更大的历史责任，具有十分重要的现实意义。

时代呼唤爱岗敬业、严谨专注、精益求精的工匠精神。职业教育担负着培养高素质劳动者和技术技能人才的重要任务，其在教育改革创新和经济社会发展中的位置越来越突出。以习近平同志为核心的党中央高度重视职业教育，习近平总书记亲自主持中央全面深化改革委员会第五次会议，审议通过了《国家职业教育改革实施方案》，该方案提出要"培育和传承好工匠精神"。可见，培育工匠精神是时代赋予职业教育的历史使命，是职业教育改革发展的基本价值向度，是职业院校培养高素质技术技能人才的核心任务。

当前，众多专家学者从不同的角度对"工匠精神"进行了深入研究，为本课题研究及本书编写提供了坚实的基础和有益的借鉴。本书从工匠人才培养的角度出发，对职业教育培育工匠精神进行系统研究，总体上回答了"工匠精神的内涵与现代特征是什么""工匠精神培育现状及影响因素是什么""如何构建职业教育系统培育工匠精神的学校模式"等一系列问题，为职业院校解决工匠精神培育理论困惑、分析工匠精神培育存在的主要问题、创新工匠精神培育路径等提供些许借鉴与参考。

本书作为全国教育科学"十三五"规划教育部重点课题"职业教育系统培育工匠精神研究"（课题编号：DJA160280）的最终研究成果，是课题研究团队多年来协同合作的集体成果，是团队成员共同智慧的结晶。全书由课题主持人朱厚望总体设计，各章按统一体例由执笔人独立完成，朱厚望对书稿进行通篇修改和定稿。各章执笔人为：朱厚望负责完成前言和第一章；高树平负责完成第二章；杨虹负责完成第三章；刘姣瑶负责完成第四章；刘阳负责完成第五章；龚添妙负责完成第六章；谢盈盈负责完成第七章；文芳负责完成第八章；覃章权负责完成第九章。

本书付梓之际，课题组全体成员对湖南省教育科学研究院、湖南省教育科学规划领导小组办公室的支持表示衷心的感谢！对湖南农业大学周明星教授的指导和帮助表示诚挚的谢意！同时，对为本书出版付出辛勤劳动的电子工业出版社的编辑同志及本书参考引用其成果的众多专家学者在此一并表示感谢！

由于作者水平有限，加之客观条件和主观认识的限制，疏漏和不足之处在所难免，敬请各位专家学者和广大职业教育同人批评指正。

"职业教育系统培育工匠精神研究"课题组

2020 年 3 月

目 录

第一章 研究概述 ……………………………………………………………… 1
  一、研究背景与意义 ………………………………………………………… 2
    （一）研究背景 …………………………………………………………… 2
    （二）研究意义 …………………………………………………………… 3
  二、研究现状述评 …………………………………………………………… 4
    （一）工匠精神的历史演变研究 ………………………………………… 4
    （二）工匠精神的当代特征研究 ………………………………………… 4
    （三）工匠精神的维度划分研究 ………………………………………… 5
    （四）工匠精神的影响因素研究 ………………………………………… 5
    （五）工匠精神的培育策略研究 ………………………………………… 6
  三、研究目的与内容 ………………………………………………………… 7
    （一）研究目的 …………………………………………………………… 7
    （二）研究内容 …………………………………………………………… 7
  四、研究设计 ………………………………………………………………… 8
    （一）研究思路 …………………………………………………………… 8
    （二）研究方法 …………………………………………………………… 9

第二章 工匠精神的核心概念与理论基础 …………………………………… 10
  一、核心概念 ………………………………………………………………… 11
    （一）概念界定 …………………………………………………………… 11
    （二）工匠精神、职业精神与工匠文化的关系 ………………………… 15
  二、新时代的工匠精神 ……………………………………………………… 17
    （一）工匠精神培育的必要性 …………………………………………… 17
    （二）工匠精神的构成要素 ……………………………………………… 19
    （三）工匠精神的基本特征 ……………………………………………… 23
  三、理论基础 ………………………………………………………………… 25
    （一）职业能力发展阶段理论 …………………………………………… 25

(二) 缄默知识理论 …………………………………………… 27
　　(三) 系统理论 ……………………………………………… 29

第三章　我国工匠精神的历史传承 ……………………………… 31
　一、我国工匠精神的历史溯源 ………………………………… 31
　　(一) 工匠精神的孕育萌芽阶段 …………………………… 32
　　(二) 工匠精神的形成发展阶段 …………………………… 33
　　(三) 工匠精神的衰退没落阶段 …………………………… 34
　　(四) 工匠精神的传承创新阶段 …………………………… 35
　二、我国工匠精神的传承与发展 ……………………………… 36
　　(一) 按劳获酬是工匠精神传承与发展的物质基础 ……… 36
　　(二) 儒家思想是工匠精神传承与发展的文化基础 ……… 37
　　(三) 尊师重教是工匠精神传承与发展的伦理基础 ……… 38
　　(四) 官府管理是工匠精神传承与发展的有力保障 ……… 40
　三、我国工匠精神的当代创新 ………………………………… 41
　　(一) 工匠精神的当代背景 ………………………………… 41
　　(二) 工匠精神的当代价值 ………………………………… 42
　　(三) 工匠精神的当代践行 ………………………………… 45

第四章　工匠精神传承的国际借鉴 ……………………………… 52
　一、德国的工匠精神及传承 …………………………………… 52
　　(一) 德国工匠精神的历史溯源 …………………………… 53
　　(二) 德国工匠精神的形成机制 …………………………… 55
　　(三) 德国制造完美逆袭的启示 …………………………… 59
　二、瑞士的工匠精神及传承 …………………………………… 60
　　(一) 瑞士工匠精神的形成原因 …………………………… 60
　　(二) 瑞士工匠精神的基本特质 …………………………… 63
　　(三) 钟表王国屹立不倒的启示 …………………………… 66
　三、日本的工匠精神及传承 …………………………………… 68
　　(一) 日本工匠精神的形成要素 …………………………… 68
　　(二) 日本工匠精神的特点 ………………………………… 70
　　(三) 日本工匠精神的当代传承 …………………………… 72
　四、美国的工匠精神及传承 …………………………………… 75

（一）美国工匠精神的发展史 75
　　（二）美国工匠精神的内涵 76
　　（三）美国工匠精神的传承保障 77

第五章 职业教育工匠精神培育现状 80

一、工匠精神培育取得的成绩 80
　　（一）弘扬工匠精神已逐步成为全社会的共识 80
　　（二）培养工匠人才已成为职业院校的使命 83
　　（三）适合工匠成长的氛围与环境正逐步形成 88

二、工匠精神培育存在的问题 91
　　（一）思想认识有偏差，工匠精神被异化 91
　　（二）校企深度合作难，培养体系不健全 92
　　（三）课程体系不完善，技能与素养融合难 93
　　（四）文化建设无规划，工匠精神无载体 94

三、工匠人才及工匠精神培育的影响因素 94
　　（一）核心因素：传统文化根深蒂固 95
　　（二）直接原因：就业择业观念陈旧 96
　　（三）学校原因：工匠精神教育滞后 96
　　（四）社会原因：激励保障机制不全 97

四、培育工匠人才与工匠精神的建议 98
　　（一）政府层面：完善工匠精神培育机制 99
　　（二）学校层面：改革工匠人才培养体系 100
　　（三）社会层面：营造工匠人才成长氛围 102

第六章 职业教育系统培育工匠精神的学校模式 105

一、职业教育在工匠精神培育中具有不可替代的作用 106
　　（一）职业教育是一种特殊的教育类型 106
　　（二）职业教育在工匠精神培育中的不可替代性 107
　　（三）职业教育的学校本位办学模式 108

二、职业教育系统培育工匠精神的目标定位 109
　　（一）高职教育人才培养目标的嬗变 110
　　（二）高职教育人才培养目标嬗变的动因 113
　　（三）高职教育工匠型人才培养目标的解构与重构 115

三、职业教育系统培育工匠精神的内容 ································· 118
　　（一）职业技能培养 ··· 118
　　（二）家国情怀培养 ··· 119
　　（三）公民道德培养 ··· 120
　　（四）文化传统培养 ··· 120
　　（五）职业精神培养 ··· 121
　　（六）发展能力培养 ··· 121
四、职业教育系统培育工匠精神的方法 ································· 122
　　（一）校企合作，创新人才培养模式 ······························· 122
　　（二）立德树人，发挥思政教育重要作用 ························· 123
　　（三）教育教学，将工匠精神培育融入课程教学 ················ 123
　　（四）共培共育，提升教师队伍质量与素养 ····················· 124
　　（五）潜移默化，营造富有工匠精神的校园文化 ················ 125
五、职业教育系统培育工匠精神的评价 ································· 126
　　（一）职业教育工匠精神培育评价体系构建方法 ················ 126
　　（二）职业教育工匠精神培育评价指标体系 ····················· 128

第七章　职业教育系统培育工匠精神的基本路径 ······················ 130
一、基于家族传承制的家庭职业教育培育 ······························ 130
　　（一）家族传承制的发展背景 ···································· 131
　　（二）工匠精神家族传承的主要方式 ···························· 132
　　（三）基于家族传承制的工匠精神培育困境 ···················· 134
　　（四）基于家族传承制的工匠精神培育策略 ···················· 136
二、基于企业师徒制的企业职业教育培育 ······························ 139
　　（一）企业师徒制的发展背景 ···································· 139
　　（二）工匠精神企业师徒传承的主要类型 ······················· 140
　　（三）基于企业师徒制的工匠精神培育困境 ···················· 142
　　（四）基于企业师徒制的工匠精神培育策略 ···················· 144
三、基于现代学徒制的学校职业教育培育 ······························ 146
　　（一）现代学徒制的发展背景 ···································· 147
　　（二）工匠精神现代学徒传承的基本特征 ······················· 147
　　（三）基于现代学徒制的工匠精神培育困境 ···················· 148
　　（四）基于现代学徒制的工匠精神培育策略 ···················· 150

第八章　职业教育系统培育工匠精神的保障体系 … 153

一、加强组织保障 … 154
二、加强政策保障 … 155
（一）加强政策引导 … 155
（二）加强立法保障 … 155
三、加强环境保障 … 156
（一）营造良好氛围 … 156
（二）提高工匠地位和待遇 … 156
（三）举办职业院校技能大赛和职业教育宣传周活动 … 157
四、加强经费保障 … 157
（一）落实财政性职业教育经费投入 … 157
（二）充分利用社会资本培育工匠精神 … 158
（三）加强对资金使用情况的监督 … 158
五、加强技术技能人才培养体系建设 … 158
（一）推进人才培养模式的改革与创新 … 158
（二）加强和推进职业院校"双师型"教师队伍建设 … 159
（三）积极搭建校企合作平台 … 159

第九章　航空工匠新生代人才培养实践 … 160

一、实施背景 … 161
二、实施方案 … 161
（一）项目实施的必要性与可行性分析 … 161
（二）人才培养方案及推进举措 … 163
（三）具体实施步骤 … 164
（四）项目预期的成果和效果 … 165
（五）试点保障 … 165
三、实施过程 … 169
（一）推进招生与招工一体化 … 169
（二）重构"四证合一"的能力递进课程体系 … 170
（三）加强"双师型教师+企业师傅"双导师队伍建设 … 170
（四）建立健全现代学徒制制度体系 … 171

（五）校企共建校内外实训基地 …………………………………………… 171
四、工作成效和创新点 …………………………………………………………… 171
　　（一）主要工作成效 ……………………………………………………… 171
　　（二）创新点 ……………………………………………………………… 173
五、典型案例 ……………………………………………………………………… 175

第一章

研究概述

  2016年,"工匠精神"首次出现在政府工作报告中,培育工匠精神被提升到了国家层面。目前,我国制造业大而不强、产品档次整体不高、自主创新能力不足,急需一大批具有工匠精神的高素质技术技能人才。

  职业院校作为培养技术技能人才的摇篮,培育工匠精神义不容辞、责无旁贷。系统研究职业教育如何培育工匠精神已成为当前职业教育领域面临的一个重要课题。

一、研究背景与意义

（一）研究背景

1. 培育工匠精神是中国制造业发展的战略需求

为保持我国经济稳定增长，推动我国从制造大国迈入制造强国行列，急需对制造业进行战略转型和产业升级。对日本、德国、美国等发达国家制造业的研究表明，其产品特点主要表现为质量稳定、材料先进、工艺考究等，这些国家久负盛名的制造业成绩的取得主要得益于其职业工人一丝不苟的工作态度和精益求精的工匠精神。因此，在未来几十年，中国要想在制造业上比肩世界制造业强国，就必须对制造业进行大规模的产业结构调整和优化；同时，改变生产要素，特别是推动人力资源培育模式和方向的重大转变，使职业工人具有良好的职业素养和崇高的工匠精神。职业院校作为高素质技术技能人才培养的主要阵地，培育工匠精神应成为其教育教学过程中的重要任务。

2. 传承工匠精神是产教融合、校企合作的客观要求

通过对国际上长寿企业进行调查研究发现，除了社会制度、科技发展水平等因素，他们无一不把工匠精神奉为圭臬，即保持着对产品精益求精的不懈坚持和对匠心匠艺的执着追求。产教融合和校企合作是职业教育发展的命脉，是提高技术技能人才培养水平和职业教育吸引力的必由之路，也是经济发展方式转变和企业转型升级的重要保障。职业院校须坚持走产教融合、校企合作发展之路，让学生从课堂走入工厂、从书本走向实践、从理想走进现实，亲身感受工匠精神的魅力，身体力行，传承工匠精神，从而加速其从学生到工匠的华丽蜕变。

3. 培育工匠精神是学生可持续发展、实现自身价值的现实需要

人才是企业最重要的生产要素之一，企业的竞争不仅是资本和技术的竞争，也是人才培养和创新驱动的竞争。具有良好职业素养和工匠精神的劳动者队伍的发展和壮大，不能再寄托于进城的农民工身上，职业院校理当成为培育工匠和工匠精神的主阵地。学生要想转变为一个真正合格的职业工人，必须具备尚真的职业理想、良好的职业道德、细致的工作态度、严谨的职业规范。学生从职业院校毕业、走上职业发展之路后，只有把自己的工匠精神和职业理念物化成一件件精雕细琢的产品，获取极致的心理感受和良好的职业荣誉，才能实现服务企业、回报社会、个人持续发展的终极目的。

（二）研究意义

培育和弘扬工匠精神是实现"制造强国""质量强国"的必然要求，是加快结构调整、促进产业升级的迫切需要，是推动供给侧结构性改革、刺激国内需求的现实途径。探讨职业教育如何系统培育工匠精神是构建我国现代职业教育体系、服务经济与社会发展的重要课题，具有重大理论和实践意义。

从理论上讲，可以丰富职业教育人才培养的相关理论。对职业教育系统培育工匠精神的路径进行研究，需要对工匠精神的内涵、工匠精神的确立依据和价值等问题进行探讨，分析在时代背景下工匠精神的应然状态。对工匠精神的研究能拓宽职业教育研究领域，推动职业素养理论、培养体系理论等基本理论深入发展，同时也能丰富职业教育思想政治教育理论。职业素养的培养需要思想政治教育的支撑，工匠精神是职业素养的极致绽放，因此，研究工匠精神的培育能丰富和发展职业院校思想政治教育理论。

从实践上讲，可以服务经济转型发展。对职业教育系统培育工匠精神进行研究，能促进职业精神与职业技能有机融合，提升职业教育人才培养质量，助推中国经济转型发展。

此外，通过对职业教育系统培育工匠精神进行理论构建和试点实践，可以系统构建培育工匠精神的学校模式，为教育行政部门提供决策依据，为其他职业院校提供可参考借鉴的范式。

 二、研究现状述评

（一）工匠精神的历史演变研究

工匠精神根植于一定的时代背景，随着社会和经济的发展，工匠精神的内涵也在不断地演变。张迪（2016年）认为，工匠精神主要经历了四个阶段的变化：一是孕育阶段，这一时期物质生产相对落后，科技文明相对不发达，此时的工匠精神强调简约朴素、切磋琢磨；二是产生阶段，这一时期工匠为了获得职业威望和信誉及适应社会发展的需要，崇尚以德为先、德艺兼修；三是发展阶段，这一时期出现了种类多样的传承方式，展现了不以物喜、不以己悲、不被繁杂的外界环境所干扰的工匠精神；四是传承阶段，在机械化生产与互联网产业日益发达的现代社会，工匠精神提倡开放包容和勇于创新。庄西真（2017年）从工业发展程度的视角认为，在手工业时代，科学技术落后，工匠追求精益求精和创新；到了工业革命时期，传统的手工业生产受到机器化大生产的冲击，工匠精神进入衰落期；而到了第三次工业革命时期，消费者的需求日益个性化，要求工匠具备较高的创新素养与过硬的专业素质。

（二）工匠精神的当代特征研究

在当今时代，学界普遍认为工匠精神具有爱岗敬业、精益求精、追求卓越、持续专注等特征。此外，也有学者从其他视角对工匠精神的内涵进行了分析。杨子舟（2017年）认为，当代的工匠精神是富有柔性的制造智慧，个性化定制成为工艺的发展方向，制造过程并非简单的重复和模仿，而是工匠再次创造的过程。刘志彪（2018年）基于现代发展需求，认为工匠精神应包含用户至上的观念。徐耀强、钱闻

明和苏勇等（2018年）指出，随着时代的发展，市场需求更加多样化，工匠精神应当体现创新性特征，注重产品的推陈出新。匡瑛（2018年）基于智能化制造背景，认为工匠精神被赋予了勇于突破、协同合作的新时代内涵。唐国平（2019年）认为，现代的工匠精神已经与企业的人力资源管理相融合，演变为企业的资本资源。

（三）工匠精神的维度划分研究

目前，学界大多认为工匠精神是三维、四维的结构。例如，喻文德（2016年）基于伦理文化视角，认为工匠精神包括敬业、专一、严谨三个方面；张敏（2017年）基于企业家典型案例研究，归纳得出工匠精神的三个核心维度：规范化、控制力和创业自我效能感；方阳春（2018年）通过理论分析和实证检验，归纳得出工匠精神的三个维度：爱岗敬业的奉献精神、精益求精的工作态度、攻坚克难的创新精神；饶卫（2017年）结合扶贫工作研究指出，工匠精神适用于广泛的人类活动，体现在持久专注、追求卓越、创新驱动、梦想与爱四个方面；郭会斌（2018年）认为，工匠精神是一种组织文化图式或行事惯例，以组织共识、管理标准、核心能力和其他特征为构成要素。此外，也有少数学者认为工匠精神是二维、五维的结构。例如，栗洪武（2017年）研究发现，中国古代社会的工匠精神体现在爱岗敬业和精益求精两个方面；李宏伟（2015年）认为，工匠精神可概括为五种精神特质：尊师重教的师道精神、一丝不苟的制造精神、求富立德的创业精神、精益求精的创造精神和知行合一的实践精神。

（四）工匠精神的影响因素研究

目前的研究表明，工匠精神受制度与文化、生产模式、技艺传承方式、学校人才培养机制及领导和员工个人等多种因素的影响。传统的"士农工商"身份划定和"重农抑商"社会风气，使工匠地位不高，影响了工匠精神的培育和传承。肖薇薇（2016年）指出，不同于传统工匠的独立经营模式，现代社会的生产环节分工过细，工人们的活动地域和思维往往受限于一个狭小的领域，工匠精神的形成也就无从谈起。曾宪奎（2017年）认为，中国传统的技艺传承方式实行的是平均继承制，这会导致在代际传承后，一份家业被分割得规模越来越小，形成的品牌和技术很容易在若干代代际传承之后消失，工匠精神也会随之消逝。高职院校是培育技术技能人才工匠精神的主要阵地，但现实中部分高职院校只注重学生的技能培养和就业，对塑造学生的价值观不够重视。此外，很多实证研究表明，员工的工作态度和行为受到领导风格的影响，领导的愿景激励能激发员工的工作热情，由此带来更高的敬业度。

（五）工匠精神的培育策略研究

从宏观角度分析政府在工匠精神培育中的作用是目前相关领域研究的主流。例如，刘志彪（2016年）指出，工匠文化的缺失是工匠精神缺乏的深层次原因，并提出打破市场垄断、惩罚侵犯知识产权行为、营造崇尚实业和技能的社会价值观等建议。职业院校在培育技术技能人才工匠精神方面的重要作用引起了学界的广泛关注。例如，林克松（2018年）基于烙印理论视角认为，培育工匠精神就是给学生留下工匠精神的印记并使其发挥持续影响，并提出职业院校培育学生工匠精神的路径，包括精准定位工匠精神的烙印目的、统筹设计工匠精神的烙印过程、持续监测工匠精神的烙印效果等。目前，针对企业如何培育工匠精神，相关研究还比较少。刘志彪（2017年）认为，企业在管理方法上要处理好"灵活度"与"守纪律"的关系，并鼓励消费者的"挑剔"行为，建设良好的企业管理文化和行为文化。从个体层面探讨工匠精神培育的研究很少。李珂（2017年）认为，尽管岗位职责不同，但所有职工都要立足自身岗位，以大国工匠和劳动模范为榜样，对职业存有敬畏感，对产品进行精雕细琢，最终达到精益求精的职业境界。祝振强（2019年）基于对日本企业"匠人精神"的深入解读，认为员工不能仅将工作视为谋生的手段，而是要通过具体的工作进行自我修炼，以养成对产品精雕细琢、对工作精益求精的态度。

纵观相关研究文献，现有研究成果为本研究提供了理论借鉴和研究视域，但仍有诸多问题需要深入研究：第一，从研究历程来看，对工匠精神的研究历程较短，且多以单篇论文为主，在职业教育领域尚无专著及硕博士论文，因此，需要在职业教育领域对工匠精神进行持续、深入的研究；第二，从研究内容来看，对工匠精神的研究多集中于内涵解析和价值探讨，对工匠精神其他方面的研究涉及不多，研究不够完整、系统，因此，需要拓宽工匠精神的研究领域；第三，从研究方法来看，对工匠精神的研究以理论研究为主，对具体培育路径等实践研究不足，研究方法比较单一，因此，需要从新的视角展开实证研究。

鉴于此，本书对职业教育系统培育工匠精神进行深入研究，拟解决工匠精神培育方面的理论困惑，分析工匠精神培育存在的问题，创新工匠精神培育的路径。

三、研究目的与内容

（一）研究目的

（1）通过理论研究与比较研究，揭示工匠精神的本质特征及培育路径。

（2）尝试构建职业教育培育工匠精神的学校模式，促进人才培养质量提升。

（3）通过对相关院校技术技能人才工匠精神培育的个案研究，为职业院校创新人才培养模式提供可参考借鉴的范式。

（二）研究内容

在理清基本概念和分析实际需求的基础上，系统研究"工匠精神的内涵与现代特征是什么""工匠精神培育现状及影响因素是什么""如何构建职业教育系统培育工匠精神的学校模式"等一系列问题。具体内容包括以下几部分。

（1）工匠精神的内涵与现代特征研究。基于中西方文化背景，探究工匠精神的历史内涵、国别内涵；结合供给侧结构性改革、社会主义核心价值观等时代背景，分析工匠精神的现代特征。

（2）工匠精神培育的大数据研究。基于中西方文化背景，总结分析已有实践经验，用以指导新理论的构建；利用大数据分析技术，研究技术技能人才工匠精神培育的现有主体与路径；调查分析当前技术技能人才工匠精神培育中存在的问题；从政府、教育、社会文化等方面找寻影响工匠精神培育的主要因素，其中，现代职业教育培育工匠精神的缺失是关键的影响因素之一。

（3）职业教育系统培育工匠精神的学校模式研究。构建职业院校技术技能人才工匠精神培育的学校模式，主要包括技术技能人才工匠精神培育的理念、主要方法、保障条件、评价方式及所需的文化氛围等。

（4）职业院校工匠精神培育的个案研究。以相关院校为个案研究对象，开展技术技能人才工匠精神培育的典型试验，验证预设的学校模式是否可行。将定量分析与定性分析相结合，总结经验、发现问题、找寻原因，探索进一步提升工匠精神培育效果的方案。

四、研究设计

（一）研究思路

将"工匠精神"作为重点研究对象，首先，从古今中外的视角对工匠精神进行理论阐述，深度分析其现代内涵，归纳其核心特质；其次，通过调研得出工匠精神培育存在的问题及影响因素，并根据影响因素构建工匠精神培育的学校模式；最后，以个案研究和典型试验为切入点，验证预设的学校模式是否可行。

（二）研究方法

采用定性分析与定量分析、综合研究与专题研究相结合的方法，具体的研究方法如下所述。

文献研究法：对国内外研究成果进行梳理和分析。搜集国内外工匠精神研究的关键性文献，特别是第一手资料，包括著作和研究文献等，掌握国内外工匠精神发展脉络、培育现状、影响因素及其发展趋势等方面已有的理论和实践成果。

比较研究法：选取德国、瑞士、日本、美国等制造业强国与我国进行对比，归纳工匠精神的价值所在，整理并分析国外工匠精神培育的典型经验，与我国工匠精神培育现状进行比较。

调查研究法：结合时代背景，深入行业企业进行调研，选取省内外具有代表性的职业院校为调查样本，把握工匠精神培育的整体现状及职业教育工匠精神培育的现状。

个案研究法：以相关院校为个案研究对象，开展技术技能人才工匠精神培育的典型试验，验证预设的学校模式是否可行。

第二章

工匠精神的核心概念与理论基础

党的十九大报告提出,要"建设知识型、技能型、创新型劳动者大军,弘扬劳模精神和工匠精神,营造劳动光荣的社会风尚和精益求精的敬业风气"。李克强总理在政府工作报告中曾多次强调"工匠精神",提出"全面开展质量提升行动,推进与国际先进水平对标达标,弘扬工匠精神,来一场中国制造的品质革命"。职业院校是培育和弘扬工匠精神的重要平台,培育具有工匠精神的技术技能人才是职业院校不可推卸的责任,新时代的制造业发展迫切需要职业院校培养出高素质的工匠以助推产业转型升级,因此,明晰工匠精神的核心素养及培养大国工匠成为职业教育可持续发展的目标与任务,不仅有利于培育和传承工匠精神,而且有利于促进职业院校人才培养模式创新,为实现中国制造业转型发展提供人才支撑。

一、核心概念

理清与工匠精神相关的核心概念，辨析工匠精神、职业精神、工匠文化之间的关系，是职业院校系统培育工匠精神的逻辑起点，能够为工匠精神培育的理论研究和实践探索提供依据。

（一）概念界定

通过对相关文献的梳理，可以对工匠、工匠精神、职业精神、工匠文化四个概念进行界定。

1. 工匠

研究工匠精神，须先探究工匠的概念及其职业特征。在我国古代社会，社会群体被划分为"士农工商"四大类，其中的"工"指"百工"。《辞海·工部》中说，"工，匠也。凡执艺事成器物以利用者，皆谓之工"，即从事器物制造的人，可称为手工业者。"匠"指技艺高超的人；"工匠"指从事器物制造并具有一技之长的人。在西方国家，常用 artisan 一词表示"工匠"，它包含"技能的、技艺的、专门的、专业的"等意蕴，用于表示那些具有专门技艺的人[1]。可见，技艺是"工匠"区别于"工"的主要特征。依据技艺的精湛水平，可将工匠划分为三个层次，第一个层次是分布在各个工作岗位上的普通工人，谓之"百工"；第二个层次是分布在各行业的专业技术人才，谓之"匠"；第三个层次是分布在各生产制造领域的技术专家，谓之"巧匠"或"大师"[2]。工匠不仅是对从事器物制造的劳动群体的统称，还是一个多元分化的技术群体。随着社会和科技的不断发

---

[1] 李宏伟、别应龙：《工匠精神的历史传承与当代培育》，《自然辩证法研究》2015 年第 8 期。

[2] 朱厚望：《论工匠精神的价值意蕴及其培育路径》，《中国职业技术教育》2017 年第 33 期。

展,工匠的内涵也发生了改变,被时代注入了更多的活力。新时代的工匠在职业种属上从手工制造业拓展到各行各业,不仅指从事器物制造并具有一技之长的人,而且代表着一个庞大的具有技能的劳动群体。

由此可知,工匠是一个多元分化的技术群体,从狭义上讲,工匠指从事器物制造并具有一技之长的人;从广义上讲,工匠指具有技能的劳动者。本研究将工匠界定为:在新时代工业制造领域从事器物制造并具有一技之长的人。

2. 工匠精神

什么是工匠精神?目前,国内关于工匠精神的内涵主要有以下几个观点:一是将工匠精神看作一种对工作精益求精、追求完美与极致的精神理念与工作伦理品质[1];二是把工匠精神看作敬业、专注、精益求精的职业精神[2];三是认为工匠精神是工匠追求的一种"道技合一"的精神境界[3]。国外关于工匠精神的内涵主要有以下几个观点:一是对工作内在价值的精神追求[4];二是精益求精的工作态度[5];三是良好的创造性思维[6]。由此可知,工匠精神是技艺追求、职业态度、人文素养三者的统一体,这三个方面同样也是工匠精神的内容维度。

有人认为,工匠在生产制造过程中表现的精神特质就是工匠精神,这种理解过于表浅化,忽视了工匠是一个多元分化的群体,技艺是有等级的,不同技艺等级的工匠其精神特质具有差异性。当工匠作为一种器物制造的职业存在时,器物制造对"人"的气质会有影响,如从事航空装备维修职业要求"人"具有"零缺陷、无差错"的精神特质。器物制造依赖技术,也依赖人适应器物制造行为的能

---

[1] 肖群忠、刘永春:《工匠精神及其当代价值》,《湖南社会科学》2015年第6期。
[2] 刘建军:《工匠精神及其当代价值》,《思想教育研究》2016年第10期。
[3] 薛栋:《中国工匠精神研究》,《职业技术教育》2016年第25期。
[4] 柏拉图:《理想国》,郭斌和、张竹明译,商务印书馆,1986,第66页。
[5] 亚力克·福奇:《工匠精神:缔造伟大传奇的重要力量》,陈劲译,浙江人民出版社,2014,第32页。
[6] 理查德·桑内特:《新资本主义的文化》,李继宏译,上海译文出版社,2010,第76页。

力和气质，工匠精神生成于人与器物制造的相互适应中。此外，工匠从事不同的职业，职业差异又生成了多样的精神特质，如医生、焊工、模具铸造工等，他们的精神特质都有差异。综上所述，工匠精神是历史发展不同阶段匠人在生产制造中的内在精神特质和外在技术表现的凝结。

从哲学角度看，工匠精神是一种形而上的精神，属于精神范畴。过度追求形而上的工匠精神，忽视工匠精神发展的现实条件和制度保障，会使工匠精神虚无缥缈，难以在社会上生根发芽。工匠精神是规范工匠从事器物制造活动的伦理精神，具有一定的伦理属性，是工匠追求的特定的道德价值取向。从制度伦理角度看，制度具有维护伦理关系的功能，可以表达特定成员的道德价值要求，能够规范社会行为方式并培育社会精神。由此可见，制度意义上的工匠精神更具有现实意义。

随着社会发展和科技进步，工匠精神的时代内涵在变化。现代社会理解的工匠精神已不只是手工业者应具备的技能和素养，而是社会上各行各业从业者的价值追求。

3. 职业精神

在国外，职业精神指工作伦理，工作伦理是一种文化规范，工作本身具有其内在的价值，个体应对其所从事的工作负责。关于职业精神的理解，主要观点有：基于工作伦理形成的价值体系；基于从业人员在工作中的价值判断而外显出来的行为方式和情感态度；个体对工作项目重要性的评价和对工作伦理价值观的评价[①]。由此可见，职业精神与价值观有关，表现为一种职业道德规范。

职业是人们利用专门的知识与技能参与社会分工，获取物质生活来源的工作。"精神"分为广义和狭义两层含义，广义上的精神指"一切意识形态"，狭义上的精神指"伦理、教化和道德"[②]。从职业

---

① Boatwright, John R., Slate, John R., "Work Ethic Measurement of Vocational Students in Georgia," *Journal of Vocational Education Research*, no.4（2000）: 503-531.

② 黑格尔：《精神现象学（下卷）》，贺麟、王玖兴译，上海人民出版社，2013，第 5-12 页。

精神的内容上看，它指的是把工作职业规范内化成自身道德和精神追求的一部分，所表现出来的对工作的情感态度和行为方式，如各行各业都应遵守的爱岗敬业、诚实守信、办事公道等工作伦理特质[①]。从职业精神的特殊性上看，每个职业都有特定的职业道德和伦理规范，其职业精神的内容也不同。从职业精神的形成规律上看，职业精神是与职业密切相关的精神，形成于工作过程中，不能脱离工作实践活动[②]。

综上可知，职业精神形成于工作过程中，外显于从业人员的行为方式和工作态度上，集中表现为职业道德和伦理规范。职业精神是从事某个职业的人们在工作过程中的价值判断，反映了从业人员的职业道德和伦理规范，对从业人员的行为方式和工作态度具有规范与约束作用。

4. 工匠文化

在国外，"文化"（culture）一词源自拉丁语中的动词colo，即"培育"（cultivate），后逐渐扩展到了精神层面，文化成为群体精神的象征。文化的含义是多样且复杂的，它包括一切习得的行为、智能和知识，社会组织和语言，以及经济的、道德的和精神的价值系统。由此可知，工匠文化包含物质和精神两个层面，本书主要研究精神层面的工匠文化。赫尔德从文化的特征及形式上定义文化，认为文化是在一定区域内生活的人群的有意义、有价值的社会生活模式，与人是一种互相交融的关系。文化不仅对社会生活具有渗透性，还是一个动态的行为过程，正如T.S.艾略特所言，"文化不仅仅是一些活动相加的总和，最重要的还是一种社会生活方式……这是渗透于每个人的生死，与人们日出而作、日落而息的循环生活过程交相辉映的一种完整的生活方式。"[③]

[①] 匡瑛、范军：《职业精神之国内外研究述评》，《职教通讯》2015年第31期。

[②] Val Kinjerski, Berna J. Skrypenk, "Four Paths to Spirit at Work: Journeys of Personal Meaning, Fulfillment, Well-being, and Transcendence Through Work," *Career Development Quarterly*, no.56（2008）: 321-325.

[③] T. S. Eliot, *Notes Towards the Definition of Culture* (London: Faber and Faber, 1948).

从系统论的角度审视工匠文化的构成要素，工匠文化指工匠群体所形成的区域文化聚集，表现为在手工业生产知识系统中聚集的工匠生产、工匠制度、技艺传承方式、工匠精神等特质文化[1]。从文化的生成过程来看，文化作为共享知识的网络，共享知识在一个相互关联的个体集合中被生产、散播和再生产，那么，当工匠个体在生产中表现出精益求精、追求至善的精神特质，然后这种精神特质被大范围生产、传播，进而形成一种社会风气时，工匠文化便生成了[2]。

综上可知，工匠文化既是渗透在某区域或某领域的工匠群体的生活生产方式，也是工匠群体在生产过程中技艺的、道德的、精神的价值系统。工匠文化是工匠群体渗透在手工业生产和生活方式中的知识系统，被社会群体生产、传播、扩展成社会风气。

（二）工匠精神、职业精神与工匠文化的关系

工匠精神、职业精神、工匠文化都有着自身的属性和概念，从哲学角度来看，三者侧重点不同，既相互区别又密切联系，交织在一起促进人的全面发展，推动社会和经济的进步。

1. 工匠精神不同于职业精神、工匠文化

从概念上来看，工匠精神、职业精神、工匠文化三者的侧重点各有不同。首先，工匠精神指工业制造业领域从业人员特有的精神特质，尤其指技艺造诣较高的人所具备的专业水平和工作伦理。工匠精神是历史发展不同阶段匠人在生产制造中的内在精神特质和外在技术表现的凝结，它包含了精雕细琢、精益求精的专业精神，敬业乐业的职业素养，严谨专注的工作品质，追求至善的人文精神[3]。

---

[1] 潘天波：《工匠文化的周边及其核心展开：一种分析框架》，《民族艺术》2017年第1期。

[2] 赵志裕、康莹仪：《文化社会心理学》，中国人民大学出版社，2011，第82-85页。

[3] 朱厚望：《论工匠精神的价值意蕴及其培育路径》，《中国职业技术教育》2017年第33期。

其次，职业精神指社会上各行各业所遵循的行为规范，这些行为规范用于协调规范不同职业领域从业人员的工作行为，每个职业都应具备属于自己的职业精神。职业精神是从事某个职业的人们在工作过程中的价值判断，反映了从业人员的职业道德和工作伦理，对从业人员的行为方式和工作态度具有规范和约束作用。最后，从哲学角度来看，"精神"与"文化"属性不同，易于区分。

2. 职业精神涵盖工匠精神，工匠精神促进工匠文化的生成

从"属+种差"的定义方式上看，职业精神和工匠精神都是"精神"，其中，工匠精神是众多种类职业精神中的一种，即职业精神涵盖工匠精神，职业精神与工匠精神是上位和下位的关系，在层次上是统领和从属的关系。工匠精神是新时代职业精神的重要组成部分，不仅要求制造业从业人员对产品精雕细琢、精益求精，更要求各行各业的从业人员都要高标准地对待本职工作，做好每一个细节。工匠精神在社会各工作领域的广泛传播可以促进工匠文化的发展与传承，而工匠文化能更好地诠释工匠精神，工匠精神的发展与传播进一步丰富工匠文化的内涵和形式。工匠精神、职业精神和工匠文化的本质区别，就是工匠精神、职业精神作为"精神"所具备的本质特点不同于"文化"所具备的本质特点。从业者在工匠文化潜移默化的影响下习得工匠精神，工匠精神在本质上又是职业精神的外在表现，其传播和养成有利于提升从业者职业精神的层次。

3. 工匠精神和职业精神相互促进，两者均以工匠文化作底蕴

首先，工匠精神穿越职业的边界，成为社会不同职业领域推崇的职业精神。职业精神是社会不同职业领域所遵循的行为规范，是工作行为应达到的基本要求。随着科技进步和生产方式革新，工匠精神已经不囿于手工业时代工匠对产品的"如切如琢、精益求精"，而是发展成以"制造"来强国的推动力，表现为技艺精湛、精益求精、攻坚克难、勇于创新、责任担当、爱国为民、德艺双馨等精神特质，这些精神特质不再局限于制造业，已发展演变成各行各业应学习和具备的职业精神。其次，浓郁的工匠文化能在潜移默化中促

进工匠精神、职业精神的培育和养成。当工匠精神在社会上广泛传播，社会形成浓郁的工匠文化氛围时，工匠精神不再是个体意义上的精神特质，而是工匠集体的精神特质，这些精神特质被外化为理念、规范和制度。工匠精神、职业精神是无形的力量，扎根于工作理念之中，工匠文化作为文化表象，在潜移默化中塑造着工匠精神和职业精神。

综上所述，工匠精神、职业精神、工匠文化三者之间关系密切，相互区别又相辅相成。工匠精神是新时代制造业转型与发展所需要的时代精神，也是职业精神与时俱进的具体表现，丰富了职业精神的内涵。工匠精神是工匠文化的核心，工匠文化由工匠精神汇聚而成，又反过来促进工匠精神的形成和发展。

 二、新时代的工匠精神

工匠精神是一个多维的概念，随着时间、地域、文化的变化，工匠精神的内涵不断丰富与发展。本节试图阐述工匠精神培育的必要性，探究工匠精神的构成要素，描述工匠精神的基本特征。

（一）工匠精神培育的必要性

当前，一部分人对工匠精神的时代价值存在误解，认为起源于传统手工业时代的工匠精神已经无法适应现代化的生产方式，与时代精神不符。工匠因采用手工制作方式在产品上耗费的劳动时间长，与批量化生产方式相比，不仅缺乏竞争优势，还满足不了人们日益增长的生活需求。而现代化的生产方式减少了生产对人力的依赖，进一步解放了劳动力，其精神力量是效率和利益，即如何最大化地提高生产效率，节约时间成本和人力资源，实现利益最大化。殊不知，一种精神的产生与其所处的时代有着密切关系，随着时代的变迁，工匠精神的内涵不断丰富，已经发展成为社会经济与产业发展的重要推动力。

1. 新时代呼唤工匠精神

随着经济发展和社会进步，人们的生产生活方式和理念发生了很大的变化。提倡个性化定制、柔性化生产为新时代工匠精神的发展提供了土壤。2017年，李克强总理在政府工作报告中指出，质量之魂，存于匠心。要大力弘扬工匠精神，厚植工匠文化，恪尽职业操守，崇尚精益求精，完善激励机制，培育众多"中国工匠"，打造更多享誉世界的"中国品牌"，推动中国经济发展进入质量时代。由此可见，推动经济发展，助力产业转型升级，需要一大批具有工匠精神的技术技能人才。工匠精神涵盖了对工作的敬业奉献、对产品制造的精益求精、对产品质量的卓越追求，超越了工匠职业的适用范围，已被各行各业所认可。随着我国从"制造大国"向"制造强国"转变，3D打印技术、"互联网+"、云计算等领域亟待突破，新的生产方式的发展需要一种精神力量作为支撑，这是工匠精神成为时代精神的技术动因。

2. 中国制造需要工匠精神

一大批具有工匠精神的技术技能人才能够助推中国制造业的转型与升级。工匠精神包含对技术的强调、对创新的追求及对产品的精益求精。培育工匠精神，不仅有助于推动生产工艺改革、生产品质提高及自主创新能力提高，打造高品质、高质量的民族品牌，而且有助于提高产品的质量和安全性能，造福人民。在当前市场上，充斥着一大批粗制滥造的产品、"山寨产品"及一些存在安全隐患的产品，这些产品的质量问题堪忧。培育和弘扬工匠精神，就是弘扬精雕细琢、精益求精的精神，精雕细琢是指在生产过程中认真、反复地提升产品质量，精益求精是指对产品追求尽善尽美。只有在这种工匠精神的推动下，生产的产品才是安全的、有质量保障的，才能提高消费者对产品的满意度。

（二）工匠精神的构成要素

随着中央电视台《大国工匠》纪录片的热播，工匠精神成为民众热议的焦点，探究工匠精神的内涵和构成要素能够促进工匠精神在社会上落地生根。从教育的角度来看，职业教育是一种培养人的活动，职业院校应该在教学过程中培育和弘扬工匠精神，因此，职业院校有必要深入挖掘并分析工匠精神的构成要素。本书认为，工匠精神集技术精神、职业精神、制造精神、人文精神于一体。

1. 技术精神——技艺精湛、攻坚克难

有学者认为，工匠精神是专业精神、职业素养、人文素养三者的统一[1]，这里的专业精神指工匠在追求技艺进步的过程中所表现出来的技术精神，专业精神之所以在顺序上排在职业素养和人文素养的前面，是因为专业精神是决定工匠存在的决定性因素。也有学者从技术哲学的角度提出，工匠精神的构成要素是技术精神和精益求精精神，其中的技术精神包括创造精神和创新精神，表现为工匠在完美地完成器物制造的过程中匠心独运、巧妙构思[2]。由上可知，技术精神是工匠精神的重要构成要素之一，技术标准是衡量"工"成为"匠"的决定性因素，应从大国工匠、高级技师、专家等"匠人"群体中提取技术精神的具体内容。

国家级技能大师高凤林从事火箭"心脏"——发动机焊接工作40多年，在业内以善于解决"疑难杂症"著称，凭借精湛的技艺攻克了多项焊接领域技术难题。高凤林从事的职业是火箭发动机焊接工作，他之所以能够攻克一个又一个难题，关键在于其技艺高超精湛。在高凤林从徒弟成长为大师的过程中，他"拼命"地勤学苦练，使技艺更加娴熟，面对难活重活都冲在前面，面对"疑难杂症"能

---

[1] 李小鲁：《对工匠精神庸俗化和表浅化理解的批判及正读》，《当代职业教育》2016年第6期。

[2] 朱永坤：《工匠精神：提出动因、构成要素及培育策略——以技术学院为例》，《四川师范大学学报（社会科学版）》2019年第3期。

够攻坚克难，从而练就精湛技艺，在技术上达到登峰造极的水平。他理解的攻坚克难是善于把知识与实际相结合，应用性地解决问题。由此可以看出，技术精神表现为技艺精湛、攻坚克难。

2. 职业精神——敬业奉献、责任担当

职业精神包含敬业奉献、责任担当等精神特质，也是工匠精神的重要构成要素之一。在2019年湖南省职业教育质量年度报告中，调研学生工匠精神培育状况的相关指标包括精益求精、热爱专业、以传承技艺为己任、勇于创新、执着专注、遵守职业道德等，其中，精益求精、勇于创新属于技艺层面的精神特质；执着专注属于人文层面的精神特质；热爱专业、遵守职业道德属于职业层面的精神特质；以传承技艺为己任更多的是一种师道精神。工匠可以指从事制造业的群体，也可以是对某一职业的称呼，如木匠、瓦匠、粉刷匠……当"工匠"作为职业存在时，"工匠"应具有某一行业的伦理规范。当前，"敬业"是社会主义核心价值观的重要内容之一，也是职业道德规范对从业人员的基本要求。中铁二局二公司技师彭祥华在雪域高原从事隧道爆破工作，那里的施工条件不仅艰苦恶劣，而且十分危险。出于对工作的热爱，他坚守一线20多年，从木工转变成爆破领域的大国工匠，为青藏铁路、川藏铁路修建贡献青春和力量。热爱工作岗位，兢兢业业，为人民服务、为社会服务，实现人生价值，这便是对敬业奉献精神的最好诠释。

在工作岗位上，责任担当同样是职业精神的重要体现。责任担当是指对待工作认真负责，勇于承担责任和使命。高凤林认为成为大国工匠需要有一种"担当"的素质。比如，他的徒弟们的技术都能堪当大任，但遇到关键产品，仍然让师傅来，他的徒弟们缺少的就是一份敢于面对失败的担当。众所周知，核电是新型能源，但是核电站里面的物质一旦发生泄漏，其后果不堪设想。在核电站内部，连接核反应堆输送管道的焊接工作难度极大，只能采用手工焊接。中国核建中核二三公司连云港项目部核级管道焊工未晓朋在极为狭小的空间里任凭焊花火屑迎头"淋浴"，仍然稳稳地端住焊枪焊接核电站心脏，面对困难不退缩，迎难而上，对工作充满了责任感

和使命感，这既是责任，也是担当。此外，有学者对国内600多家企业进行调查发现，大部分企业对青年就业人员的最大希望和要求是，除了上岗必需的职业技能，还必须懂得做人的道理，具备工作责任心[①]。

3. 制造精神——精益求精、勇于创新

2016年，李克强总理在政府工作报告中明确提出，鼓励企业开展个性化定制、柔性化生产，培育精益求精的工匠精神，增品种、提品质、创品牌。由此可知，在制造强国的背景下，工匠精神已经被提升到国家战略高度，培育精益求精的工匠精神非常重要。精益求精不仅意味着对产品精心打造、精雕细琢的信念和追求，更意味着不断应用前沿技术创造出更多的新成果。目前，有些人抱怨机械化、规模化生产容易导致急功近利、粗制滥造，开始追忆古代的匠人，思念慢工出细活的年代。然而，精益求精并不意味着慢工出细活，正如高凤林认为的那样，具有现实意义的工匠精神是在单位时间内追求极致和完美，不仅要求质量，也要将效益最大化。精益求精，不是对某一产品重复的"打磨"，而是不断地学习并吸收前沿技术知识，改良产品的生产工艺，更新设计理念，从而实现创新和创造。只有在精益求精的工匠精神中融入时代的创新精神，才能更好地助力中国制造业的发展。

工匠对产品质量的精益求精，具体表现为对产品制作的精细、精准、精微及对生产工艺的不断改良，可以说，精益求精已经成为工匠的一种信念。被誉为"铸剑大国工匠"的中国航天科技集团铣工李峰在高倍显微镜下手工精磨刀具，由于刀具是影响加工精度的关键因素，即便是刃口上的一个小缺口，也会导致几微米的加工误差，所以必须精磨修整刀刃，由此可以看出工匠对生产制作和产品质量的精益求精。马蹄形盾构机的电路系统拥有4万多根电线，4100多个元器件，1000多个开关，国产盾构"刀手"李刚在改进技术和工作过程中十分谨慎，不敢有丝毫差错。如果其中一根电线接错或

---

① 王靖高、金璐：《关于高职院校培育工匠精神的几点思考》，《职业技术教育》2016年第36期。

一个元器件出现故障，就会导致整个盾构机"神经错乱"，甚至造成电路被大面积烧毁。由此可知，工匠在工作过程中对精准、精微、零差错要求之高，这也是对精益求精的一种诠释。

制造精神还要求工匠在生产过程中能够不断地改良生产技艺，勇于创新。如人民币人像雕刻顶级高手马荣，为了能够刻画出传神的眼睛，磨炼数年，终于成为一名大师。就在马荣的手工原版雕刻技艺进入巅峰期的时候，计算机技术迅速进入印钞行业，数字化技术改进了印刷、制版等各个工艺流程，传统手工原版雕刻忽然间成了制约行业发展的瓶颈。马荣带领团队勇于创新，从零开始学习计算机凹版雕刻，在不到两年的时间里，就让传统雕刻的数字化作品诞生了，从此迎来了人民币凹版雕刻的数字化时代。因此，勇于创新也应是制造精神的重要体现之一。

4. 人文精神——执着专注、追求至善

工匠精神有着丰富的内涵，有的人对工匠精神理解比较片面，将某一精神特质等同于工匠精神，还有的人关注的是技艺层面的工匠精神，如精雕细琢、技艺精湛等，忽视了工匠精神蕴含的人文精神。然而，人文精神才是推动工匠长远发展的源动力。在《大国工匠》纪录片中，大国工匠们每天平淡从容地在工作岗位上埋头苦干，对工作怀有一颗热爱和敬畏的心，正是这种对工作的热爱和敬畏才给他们的工作带来了不竭的动力。他们不图名利，只想把一件事情做得更好，甚至做到极致，这便是追求至善的人文精神。

执着专注的人文精神成就了工匠们一辈子用心做好一件事。大国工匠卢仁峰身残志坚，即使在断臂、失败的打击下，依然执着地坚守焊接岗位。卢仁峰为了留在深爱的焊接岗位上，想办法克服自身困难，如寻找替代两只手的办法、特制手套、牙咬焊帽。对工作的执着专注使他不仅恢复了焊接技术，在技能大赛中夺得较好的名次，而且在工作岗位上数次解决了焊接难题。可以说，正是执着专注的人文精神使他不断克服困难、寻找方法、改良技术，终成大国工匠。

（三）工匠精神的基本特征

在新的时代背景下，工匠精神的基本特征是什么呢？有学者认为，工匠精神是专业精神、职业素养、人文素养三者的统一，因而具有专业性、职业性和人文性三大特征[1]。也有学者提出，工匠精神的本质特征就是工业文明的核心法则，它追求的是工业化进程中的严谨、一丝不苟、专业、耐心、专注和精益求精。还有学者认为，工匠精神是师道精神、职业精神、制造精神和实践精神的统一体，因而工匠精神的本质特征是严谨敬业，忠于职守；坚韧不拔，耐心专注；精益求精，至善尽美[2]。此外，还有学者从技术哲学视野探寻工匠精神的本质特征，认为其本质特征是"别具匠技、独具匠心、颇具匠魂"，匠技指向技术层面，匠心指在技巧和艺术方面的创造性，匠魂指对工作的敬畏入魂[3]。

综上可知，大多数学者从工匠精神的构成维度概括其特征，以共同特性来表述工匠精神的基本特征。基于此，本书在借鉴以上学者观点的基础上，从工匠精神的构成要素（技术精神、职业精神、制造精神、人文精神）角度探讨工匠精神的基本特征。

1. 技术性

从匠技看，工匠精神具有技术性，包含技艺精湛、攻坚克难的技术精神和精益求精、勇于创新的制造精神。《诗经》中用"如切如磋，如琢如磨"描绘手工业者认真仔细、反复打磨的生产过程。后来，宋朝朱熹把精雕细琢的生产提炼为一种精益求精的精神特质，"言治骨角者，既切之而复磋之；治玉石者，既琢之而复磨之；治之已精，而益求其精也。"这不仅为精益求精赋予了道德意义，也为工

---

[1] 李小鲁：《对工匠精神庸俗化和表浅化理解的批判及正读》，《当代职业教育》2016年第6期。

[2] 陈春敏：《"工匠精神"的当代价值及培育路径研究》，《华中师范大学》2018年第5期。

[3] 任雪园、祁占勇：《技术哲学视野下"工匠精神"的本质特性及其培育策略》，《职业技术教育》2017年第4期。

匠追求精益求精的精神提供了道德的正当性。当前，中国从制造大国向制造强国转变，不仅需要精益求精的工匠精神，而且需要将"粗制滥造"这种功利化生产意识转变为"精雕细琢"的质量意识[①]。此外，把技术看作一门艺术，不断创新生产工艺，从而达到"游于艺"的状态，在擅长的专业领域做到精益求精。综上所述，匠技是工匠的安身立命之本，是中国制造的力量所在，因此技术性是工匠精神的基本特征之一。

2. 职业性

从匠心看，工匠精神具有职业性，包含敬业奉献的职业精神。敬业，指的是怀着一颗敬畏之心从事本职工作，以恭敬的态度对待本职工作。热衷于所从事的职业，即表现为一种敬业的职业素养，与当代社会主义核心价值观中的"敬业"相契合。无论身处什么行业、什么工作岗位，都要坚守岗位干好本职工作，尽忠职守、履职尽责。奉献，是一种服务人民、不图回报、不计名利得失的精神，也是对人民、对国家的守护与担当。每个人都应自觉将个人前途与国家命运紧密相连，将奉献之心转化为敬业履职的工作激情。综上所述，敬业奉献应成为新时代工匠遵从的职业操守，因此工匠精神具有职业性。

3. 人文性

从匠魂看，工匠精神具有人文性，包含执着专注、追求至善的人文精神。人文精神不仅是工匠追求精益求精、敬业乐业、严谨专注的动力源泉，还是一种道技合一、止于至善的人生境界。德国制造业发达就与德国人严谨、一丝不苟的工作作风密不可分。正如柏拉图所言，"为了把大家的鞋子做好，我们不让鞋匠去当农夫，或织工，或瓦工。同样，我们选拔其他的人，按其天赋安排职业，弃其所短，用其所长，让他们集中毕生精力专搞一门，精益求精，不失

---

① 朱厚望：《论工匠精神的价值意蕴及其培育路径》，《中国职业技术教育》2017年第33期。

时机。"①只有工人专注于所从事的职业，才能制造出质量更好的产品。假如让鞋匠做木匠的事情，让木匠做鞋匠的事情，不仅不能制造出优良的产品，还会损害社会秩序。庖丁为梁惠王解牛，梁惠王赞叹庖丁技艺精湛，庖丁则回答，"臣之所好者，道也，进乎技矣。"庖丁所追求的"道技合一"境界，实则是遵循自然规律，从而造福于人。《孟子》曰，"穷则独善其身，达则兼济天下"，强调为他人谋福祉的精神境界，是一种人文关怀。柏拉图说，"医术产生健康，而挣钱之术产生了报酬，其他各行各业莫不如此，每种技艺尽其本职，使受照管的对象得到利益。"①工匠制作产品的目的不只是为了获得某种物质性报酬，更多的是追求作品自身的完美，使产品使用者受益。

由此可知，工匠精神具有技术性、职业性、人文性三大基本特征。理清工匠精神的构成要素与基本特征，有助于更好地把握工匠精神的内涵，为职业院校系统培育工匠精神提供理论参考。

三、理论基础

职业院校培育和塑造工匠精神的教育教学活动需要以理论为依据，本节探讨工匠精神培育的理论基础，对职业能力发展阶段理论、缄默知识理论和系统理论进行梳理，为职业院校培育工匠精神的实践探索提供参考。

（一）职业能力发展阶段理论

职业能力是与职业相关的知识、技能、态度和价值观等要素的集合，具体表现为职业分析与判断、实践操作、问题解决等能力。德国职业教育学家劳耐尔提出职业能力发展阶段理论，认为职业能力发展具体包括新手、进步的初学者、熟练的专业人员、内行的行动者、专家五个阶段，从职业能力特征、工作行为、知识形态、学习区

---

① 柏拉图：《理想国》，郭斌和、张竹明译，商务印书馆，1986，第66页，第30页。

域等方面描述了每个阶段的具体特征和发展状况[①]。在从新手成长为专家的过程中，职业能力发展从个人经验开始，最后还要回归到个人经验。与实际工作任务紧密相连的专业知识是推动新手向前发展的手段，内化为个人能力的经验和自主构建的专业知识体系最有可能使新手成长为专家。

比较在校学生与其各阶段职业能力之间的差距，理清在校学生成长为"工匠"（专家）不可或缺的过程和条件，是职业院校工匠人才培养的重要依据。为了清晰地呈现从新手到专家各发展阶段的职业能力特征、工作行为、知识形态和学习区域，通过表格的方式表示[②]，如表 2-1 所示。

表 2-1 从新手到专家的职业能力特征、工作行为、知识形态和学习区域概况

阶段	序号	职业能力特征	工作行为	知识形态	学习区域
专家	5	形成职业生成能力，知道应该怎么做，能认识问题的相似性	能够极其负责地处理问题，自觉地活动，行为灵活娴熟，稳定性高	基于思考和实践总结和积累经验，逐步将知识转化为价值观	
内行的行动者	4	形成内涵式生长能力，能反思复杂的事实与模式，具备轻松理解和整体认知相似事物的能力	能理性地将各种直觉和将发生的行动联系起来，通过快速反思获得经验并作出明智的选择	概念性、程序性知识快速发展，通过知识的构建实现策略性知识和反思性知识的有效发挥	强化、提炼、内化在特殊情境和难题中获得的经验和知识，深入理解专业系统知识，构建个人知识结构
熟练的专业人员	3	形成外延式生长能力，能够认识事物的本质，具备一定的思考能力	能够按照计划并依据任务的重要性有序开展行动，具有丰富的专业知识和较为稳定的事实经验	具备程序性知识、陈述性知识和情感知识	掌握细节和专门知识，学会分析问题，能够制订计划并按计划行动

---

① 姜大源：《当代德国职业教育主流教学思想研究——理论、实践与创新》，清华大学出版社，2007，第 99-102 页。
② 张弛：《技术技能人才职业能力形成机理分析——兼论职业能力对职业发展的作用域》，《职业技术教育》2015 年第 13 期。

续表

阶段	序号	职业能力特征	工作行为	知识形态	学习区域
进步的初学者	2	具备行业通用能力，能够理解工作情境中的事实，并完善原有的认知结构	能够根据实际经验采取行动，具备一定的工作迁移能力	能够有意识地主动构建工作情境与知识之间的联系，并获得新经验	重点学习与工作任务相关的职业知识，要求受教育者仔细观察并认真思考技术和工作组织的系统结构，解决难题
新手	1	形成岗位定向能力，能认识与应用明确的秩序和规则，但缺乏对工作任务的整体认知	操作不够娴熟，受规则和纪律约束，信息处理能力弱	具备岗位的定向与概况知识，有特定的职业技能	了解在工作过程中应遵循的规则、纪律和所要达到的标准

首先，职业能力发展阶段理论为提取工匠精神核心特质提供了理论依据，有助于培养工匠人才和弘扬新时代工匠精神。本书中的"大国工匠"对应职业能力发展阶段中的"专家"，他们的精益求精、攻坚克难、勇于担当、爱岗敬业等精神特质值得学习和弘扬。职业能力发展阶段理论具体分析了从新手到专家五个阶段所对应的心智能力、动作能力及知识结构特征，探究了大国工匠的学习、工作、思考和行为模式等，为提取工匠精神特质和建立工匠人才培养理论模型提供了理论依据。

其次，职业能力发展阶段理论为科学合理地指导学生的职业成长提供了理论指导，有助于职业教育人才培养的创新与改革。职业能力发展阶段理论研究发现个体经验和系统化的专业知识是职业能力发展的根本和基础，对于新手而言，专家具备丰富的经验和知识，因此，专家表现出更强的操作能力和认知能力，能够快速融入全新的工作情境和陌生氛围，从容地解决所面临的各种难题。基于此，我们可以从各个环节入手推动职业教育的人才培养改革，进一步明确职业院校在人才培养中的角色定位，认真反思职业教育的人才培养目标、体系及模式等问题，为提升职业教育人才培养质量开辟新的思路和方向。

（二）缄默知识理论

英籍物理化学家兼哲学家迈克尔·波兰尼于 20 世纪 50 年代末

在《The Study of Man》一书中首次提出人类的知识分为两种类型，一种称为显性知识，即能够用文字、图表或公式表述的知识；另一种称为缄默知识，即难以用语言、文字表述的知识[①]。波兰尼曾将知识比作一座冰山（见图2-1），浮出水面的部分为显性知识，而大量的缄默知识则藏于水下，应当说，缄默知识是整个知识体系的重要根基。缄默知识的主要特征表现为：第一，非逻辑性，即不能通过语言、文字或符号等进行逻辑表达，这部分知识往往是只可意会不可言传的；第二，非公共性，即无法通过正规的方式、方法来传递这部分知识，即使已经拥有且经常使用缄默知识的人也无法明确表达其确切内涵；第三，非批判性，即人们通过个体感官、潜意识或直觉掌握这部分知识，不能在理性思维的指导下进行批判性反思。缄默知识通常隐匿于社会生活和生产实践中，只能通过实践活动在默默感受中慢慢习得。它是一种无法言传的技艺，不能通过规定流传下去，因为这样的规定并不存在，它只能通过师傅教徒弟这样的示范方式流传下去[②]。

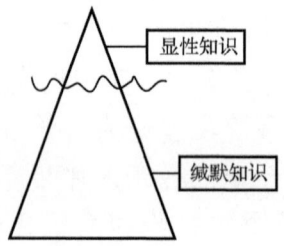

图 2-1　波兰尼的冰山模型

缄默知识理论不仅为职业院校培育工匠精神提供了理论指导，也为职业院校人才培养模式的创新与改革提供了理论参考。在培育工匠精神和培养技术技能人才的过程中，现代学徒制是一种有效途径，它不仅关注显性知识的"教"和"学"，还要改革教学内容，促进学生习得隐性知识。学生通常在实训情境或真实工作任务中习得缄默知识，通过企业师傅的言传身教和身临其境的体会，在潜移默

---

① 陈琦、刘儒德：《当代教育心理学》，北京师范大学出版社，2007，第253页。
② Michael Polanyi, *The Tacit Dimension* (London: Routledge & Kegan paul,1966) ,p.4.

化中提升技能，养成敬业精神。因此，职业院校可以通过开展现代学徒制，引导企业参与人才培养的全过程，建立学校教师教授理论知识和企业师傅担任实践教学导师的教学协作机制，推动校企深度协同育人，为制造强国培育大批急需的具有工匠精神的技术技能人才。

（三）系统理论

系统理论由美籍奥地利理论生物学家路德维希·冯·贝塔朗菲建立。该理论认为任何系统都是一个有机的整体，它不是各个部分的机械组合或简单相加，系统的整体功能是各要素在孤立状态下没有的性质[①]。系统是系统理论的核心概念，指的是若干要素以一定的结构形式连接所构成的具有某种功能的有机整体，系统具有整体相关性、开放性与封闭性、动态性与稳定性等特征。系统运行的效能取决于系统要素的齐全程度和系统要素在数量、位置、性能、功能等方面的匹配程度，尤其是关键要素的齐全程度和关键要素之间的匹配程度。

职业院校培育工匠精神是一个系统的教育活动，不是零散、碎片化、随机的，要想最大限度地发挥职业院校培育工匠精神的优势和实现培育工匠精神的目的，需要以一定的结构形式连接工匠精神培育的要素，构建培育工匠精神的有机整体，即职业院校培育工匠精神的体系。此外，职业院校还要明晰工匠精神培育体系的要素是什么、各要素有什么功能，尤其是各关键要素的功能及它们之间的关系。只有把握好工匠精神培育各要素之间的关系，才能更好地协调资源、形成合力，提高培育体系的效能。例如，企业是培育工匠精神的重要主体，但目前来看，企业在培育工匠精神方面做得还不够好，需要鼓励企业积极参与工匠精神的培育。

职业院校培育学生的工匠精神是一个系统工程，其影响因素包括环境、模式、路径和体系。在构建培养职业适应能力的教学体系

---

① 陆菊：《基于系统理论的高职青年教师立体培养网络系统构建》，《人力资源管理》2015年第11期。

方面，需要考虑专业课程建设与其他课程建设之间的关系。在专业课程建设方面，应开设有助于培育工匠精神的项目化专项课程；在其他课程建设方面，应加强实践课程建设，通过实训教学、创业竞赛、顶岗实训等实践课程，让学生亲身参与具体的工作项目或社会实践活动，逐步习得工匠精神。高职院校培育工匠精神应运用系统论的方法，把培育工匠精神与强化行业特色、建设校园文化、改革培养模式和创新思政课教学方式等有机结合，综合施策，系统推进[①]。此外，要提高工匠精神培育的水平，还需要加强"双师型"教师队伍的建设和搭建工匠精神培育的实践教学平台。

没有理论指导的实践活动是没有方向的，没有理论指引的工匠精神培育活动是不系统的，也是走不远的。职业能力发展阶段理论、缄默知识理论、系统理论能够为职业院校系统培育具有工匠精神的技术技能人才提供理论指导。

[①] 李孟瑞、杨云峰：《系统论视角下高职院校培育工匠精神的实践路径》，《陕西教育（高教）》2017年第2期。

第三章

我国工匠精神的历史传承

提到工匠精神,我们通常第一时间在脑海里冒出来的是瑞士钟表的"精益求精"、德国制造的"理性严谨"、日本匠人"一生专注做一件事"的执着与专注。事实上,工匠精神既非舶来品,也非现代新事物,在中华民族五千多年的悠久历史长河中,我们从不缺乏能工巧匠,更不缺乏工匠精神。工匠技艺与工匠精神在历史长河中对我国经济社会发展与文化传承创新起到了至关重要的作用,时至今日,工匠精神仍然是重要的思想资源和强大的精神动力。在迫切呼唤和大力弘扬工匠精神的当今时代,我们对工匠精神追根溯源,正确认知和领悟工匠精神的缘起与发展,以便最大限度地发挥工匠精神的价值和功用。

一、我国工匠精神的历史溯源

中国是工匠大国,人才辈出,鲁班、李冰父子、李春、毕昇、黄道婆等都是我们耳熟能详的能工巧匠。长城、秦始皇陵兵马俑、都江堰、赵州桥、苏州园林、故宫及青铜器、古陶瓷、丝绸等在各行业、各领域令人叹为观止的旷世杰作与文化遗产，都是能工巧匠精湛技艺的结晶。工匠精神是中华民族优秀传统文化的精华之一，作为四大文明古国中唯一延续至今的国家，中国在东方文化体系中最早产生了工匠这一群体。由此可知，在东方，工匠精神最早孕育于我国。

（一）工匠精神的孕育萌芽阶段

著名历史学家冯天瑜教授认为，就中华文明及其文化史来看，"工匠精神"源远流长，最早可追溯到新石器时代早期。据《周易·系辞》记载，中华民族的人文始祖伏羲氏"始作八卦，以通神明之德，以类万物之情""神农氏作，斫木为耜，揉木为耒，耒耜之利，以教天下，盖取诸益"，是说伏羲氏创制了八卦，从中推算出万物的实际情况，神农氏从伏羲氏所创制的"益卦"中获得启发，教人们制作农具[①]。这说明当时已有人开始从事手工制作活动，最早的工匠也随之出现。这一时期的工匠从事手工劳动只是氏族内部出现的分工不同，并不受统治与剥削，是自由平等的氏族工匠。

《韩非子·难一》中有"东夷之陶者器苦窳，舜往陶焉，期年而器牢"的记载，《史记·五帝本纪》中记有"（舜）陶河滨，河滨器皆不苦窳"。上述两部史书都记载了舜制作陶器时追求精工细作，并以此带动人们制作陶器也杜绝粗糙质劣的事迹。这是最早出现的有史可载的关于精益求精工匠精神的事迹，发生在距今4000多年前的舜帝时期。上古时期的伏羲氏、神农氏、尧、舜、禹都是在某一方面有突出工艺制作能力的氏族领袖，是中国古代工匠的典型代表。

[①] 余运德：《"工匠精神"的历史渊源及其文化模式的价值观思辨》，《开封大学学报》2018年第2期。

（二）工匠精神的形成发展阶段

春秋战国时期是我国从奴隶社会向封建社会过渡的社会大变革时期，新的生产力的产生和生产工具的变革为工艺技术的提高创造了条件。工匠精神的形成与发展离不开传统手工业的兴起与繁荣，其演变历史也随着我国古代政治、经济、科技、文化等领域的发展而不断推进，由此形成了我国悠久独特的工匠文化和工匠精神。

我国传统手工业工匠和工种分类比较繁杂，在《周礼·考工记》中将工匠按工种分为轮人、陶人、弓人等多种类型。根据工匠所属性质不同又分为官匠与民匠，官匠一般在官府内劳动，为官府服务，受官府管理和限制，而民匠自由度相对高一点，可为官府做事，也可为主家劳作，还可自己制作，满足自身需求。《周礼·考工记》中还记载："知者创物，巧者述之守之，世谓之工。百工之事，皆圣人之作也。烁金以为刃，凝土以为器，作车以行陆，作舟行水，此皆圣人之所作也。"将"百工"称为"圣人"，将"百工之事"称为"圣人之作"，反映出在古代社会"造物"需要非凡的技艺，古人对工匠已怀有崇高的敬意[1]。

儒家思想是在中国古代占据主流地位的政治伦理文化，"天人合一""德艺兼修"等儒家核心思想成为我国工匠精神得以传承和发展的重要文化基础。在此后的数千年历史发展过程中，工匠成为一个与人们日常生活密切相关的名词，工匠职业历代沿袭，手工匠人以精湛的技艺给中国传统文化增添了奇妙的色彩，丰富着中国优秀传统文化的内涵。从战国时期庄子的"技进乎道"，到北宋欧阳修的"我亦无他，惟手熟尔"，再到清代魏源的"技可进乎道，艺可通乎神"，无不说明，在古代工匠身上闪烁着"技艺精湛、敬业诚信、创新创造"的智慧光芒，孕育并发展了中华民族工匠文化及工匠精神的内核。

---

[1] 庄西真：《多维视角下的工匠精神：内涵剖析与解读》，《中国高教研究》2017 年第 5 期。

进入封建社会后，随着生产力的发展和技术水平的提高，这一时期的工匠技艺传授方式从以血缘关系为纽带的"父子相传式"的家庭代际传承为主，逐渐转变为以"师徒相承式"的传统学徒制为主。"言传身教""心传身授"的教育模式成为古代培养工匠的主要途径。《春雨杂述·评书》中有记载："学书之法，非口传心授，不得其精。"对于古代工匠而言，传承技艺不仅是学习技术，更是要形成一种与所从事行业或职业的心理契合度。《新唐书·百官志三》中有记载："钿镂之工，教以四年；车路乐器之工，三年；平漫刀矟之工，二年；矢镞竹漆屈柳之工，半焉；冠冕弁帻之工，九月。"由此可知，古代工匠根据不同工种特点和要求规定了不同的学徒时限，一方面，一定的学习时限体现了当时各行各业已具备的工艺技术水平，另一方面，一定的学习时限说明师徒在传承技艺过程中有相当长一段时间相处在一起，会形成深厚的师徒感情[①]。所谓"一日为师，终身为父""师徒如父子"等习语就源自这种"师徒相承式"的学徒制度。师傅在传授技艺和经验的同时，往往也会把行业规矩、从业原则、职业道德规范等传授给徒弟，通过言传身教不仅培养了大批工匠艺人，也养成了"尊师重教"的传统美德，工匠精神从而得以代代相传。

（三）工匠精神的衰退没落阶段

伴随着我国近代社会的历史浮沉，从鸦片战争到新中国成立期间，工匠精神总体上日趋式微。鸦片战争后，西方强势的工业文明使国门被迫打开，中华大地发生了翻天覆地的变化，中国自给自足的农耕文明不可避免地直面西方近代工业文明的冲击，与传统社会生活方式相适应的传统生产方式不可避免地要面对近代工业机械化批量生产方式的冲击。在日用品生产领域，传统手工业几千年来一贯个体的、手工的生产方式必然要被大工业生产所取代。鸦片战争的炮弹击碎了中国延续数千年的农耕文化传统，传统的手工业生产

[①] 张迪：《中国的工匠精神及其历史演变》，《思想教育研究》2016年第10期。

难以适应工业时代大机器生产的发展要求,传统的手工业工匠在这种冲击下几乎难以为继,因此,在近代中国的历史进程中,工匠精神整体处于衰退没落阶段。即便如此,强韧的工匠精神从来没有中断和消亡,始终有一些人在动荡不安的时代变迁中坚守自我,在默默地传承着工匠精神。

(四)工匠精神的传承创新阶段

改革开放初期,为了快速提升我国的经济总量,"时间就是金钱,效率就是生命"的口号成为大家的共识,成为推动经济和社会发展的风向标。但在效率优先的理念驱动下,金钱貌似成为评判一个人价值的标准和手段,"一切向钱看""唯利是图"等短视行为使整体社会道德和社会风气遭到破坏,导致弘扬和发展工匠精神的社会大环境难以形成。

当前,我国处于全面深化改革和推进产业转型升级的攻坚时期,弘扬工匠精神,凸显其时代价值,更显重要和必要。创新是一个民族进步的灵魂,是一个国家兴旺发达的不竭动力,也是现代工匠应具备的精神特质。自2016年李克强总理在政府工作报告中首提"工匠精神"以来,"工匠精神"连续四年被写入政府工作报告。2016年,李克强总理在政府工作报告中首次提出,鼓励企业开展个性化定制、柔性化生产,培育精益求精的工匠精神,增品种、提品质、创品牌。2017年政府工作报告进一步明确提出,要大力弘扬工匠精神,厚植工匠文化,恪尽职业操守,崇尚精益求精,完善激励机制,培育众多"中国工匠",打造更多享誉世界的"中国品牌",推动中国经济发展进入质量时代。2018年政府工作报告指出,全面开展质量提升行动,推进与国际先进水平对标达标,弘扬工匠精神,来一场中国制造的品质革命。2019年政府工作报告提到,大力弘扬奋斗精神、科学精神、劳模精神、工匠精神,汇聚起向上向善的强大力量。政府工作报告连续四年提及"工匠精神",表明在新的时代背景下,工匠精神逐渐从行业话语转变为政府政策话语,并被注入新的含义,赋予新的使命和要求。

二、我国工匠精神的传承与发展

我国手工业历史悠久且很发达,手工业及承载手工艺的历代工匠在中华文明的发展历程中发挥着极其重大的作用,技艺精湛的工匠及其所体现的工匠精神为中华文明留下了宝贵的物质财富和精神财富。工匠精神自古有之,虽经历衰退与没落,但传承与发展工匠精神的历史根脉与文化基因始终存在,故工匠精神一直延续至今。

(一)按劳获酬是工匠精神传承与发展的物质基础

辩证唯物主义认为,物质决定意识。工匠精神作为一种意识形态,它的传承与发展必然有与其相对应的物质基础,即工匠用自己的劳动获得经济收入,没有一定的劳动所得作为物质基础,工匠精神就难以得到传承与发展。工匠的主要工作内容就是"执艺事成器物以利用",即用技艺制造产品以用于生产和生活,产品的质量高低直接决定了工匠的收入水平,并影响其社会地位。

在先秦时期,工匠技艺是受到百家重视的,其社会价值是受到百家认可的,如《孟子》中记有"且一人之身,而百工之所为备",《中庸》中也记有"来百工则财用足",《管子》中有记载"士农工商四民者,国之石民也"。这说明工匠因其技艺精湛而受到世人的尊敬和认可,有着比较高的社会政治地位,是国家的支柱"四民"之一。

隋唐时期,工匠的招募开始出现以日计酬的方式,唐代手工业者的收入因手工业者的类型不同而不同。据《唐六典》记载:"凡诸州匠人长上者,则州率其资纳之,随以酬顾。"唐代长上匠因技艺高超待遇相对比较优厚,除了能享受酬金月粮,还能免除课役和杂徭[①]。柳宗元在《梓人传》中写道,"指使群工"的技术工头与一般工匠相

---

① 赵扬:《浅谈工匠精神传承与发展的社会基础》,《全国流通经济》2019年第2期。

比"受禄三倍"①，由此可见，技艺高超的工匠能够获得超出平均水平很多的收入。

在清康熙年间，设立了皇家造办处，将广东、江苏一带的优秀工匠选拔到造办处，专门为皇家制作家具等御用品。造办处的每一位工匠都经过严格筛选，一经选用，便给予丰厚的待遇。按同期官府部俸禄标准，清官工匠月俸相当于一个知县的俸饷。清官造办处不仅为工匠提供了丰厚的收入，使其无后顾之忧，而且还提供了很好的工作条件，如提供各种工具、优质原料等，使工匠能够全心施展自己的技艺。这使得很多工匠愿意花费更多的时间潜心研究技艺，用以提高产品的品质，从而获得更高的收入。这种高于社会平均水平的收入是工匠精神得以传承的物质基础。因此，为了鼓励传承工匠精神，政府和社会也有必要在物质上给予工匠们必要的、持久的激励，不断提高从业者的收入水平，让从业者能够深切地感受到工匠精神传承的价值，从而产生获得感、认同感和荣誉感。

（二）儒家思想是工匠精神传承与发展的文化基础

儒家思想是我国传统文化的主流思想，对工匠精神影响深远。儒家仁义礼智信的"五常"核心思想是我国工匠精神得以传承与发展的重要文化基础。

一是"仁"。"仁"者，仁义也，就是以人为本，富有爱心。孔子认为仁就是"爱人"，体现在工匠群体中即是"仁者爱人"的人本理念。一方面，在工匠群体内部，在父子相传、师徒相承的技艺传承中，坚持以人为本，从关怀人、爱护人、发展人的目标出发，传承和发展手工技艺和工匠精神；另一方面，在从事职业活动时，坚持以客户为中心，用精湛的技艺和热情的态度服务顾客，做到有口皆碑，客观上使手工技艺和民间绝活得以传承和发展。

二是"义"。义的本义是合乎道德的行为或道理。孔子提出"君

---

① 余运德：《"工匠精神"的历史渊源及其文化模式的价值观思辨》，《开封大学学报》2018年第2期。

子义以为质",认为义是君子的本质。又说"见利思义""义然后取",明确以义作为谋利的准则。儒家思想在肯定人的趋利性时更强调"义"对"利"的主导作用。"以义取利"成为古代手工业者和商人的主流义利观,不违背职业道德获得合理利益,争做有德君子,不做一味追求一己私利的小人。

三是"礼"。礼的意思就是注重礼仪,尊重他人。礼的核心是"尊重"二字。对于工匠而言,说到"礼",就是要保持良好的职业行为规范,对服务对象有礼仪、礼节和礼貌。我们常说的"和气生财""见人三分笑"就是"礼"的生动写照。

四是"智"。"智"同"知",意思是对于认识、知道的事物,熟悉到可以脱口而出[①]。这是对工匠应具备的技艺水平的一个基本要求。工匠的主要任务就是制造产品,理应对所从事行业工种的知识、技术达到"知"的水平,从而保证制作出来的产品达到服务对象的要求。

五是"信"。"信"者,人言也,意思就是诚信守法,一诺千金。儒家将诚信视为"进德修业之本",将其作为完美人格的道德前提。"诚信"体现为做人做事言而有信,说到做到。对于工匠而言,坚持"诚信"才是生存发展之道。"诚信"的工匠对所从事的工作、所要服务的对象、所要制作的产品,可以全心投入,不弄虚作假,不口是心非,不敷衍了事,按照产品的制作要求认真完成工作,保证所制作的产品质量无差,从而得到社会和他人的认可,以"诚信"求得个体职业的发展,以"诚信"求得所从事行业的传承。

(三)尊师重教是工匠精神传承与发展的伦理基础

"尊师重教"一词出自《礼记·学记》,"凡学之道,严师为难。师严然后道尊,道尊然后民知敬学。是故君之所不臣于其臣者二:当其为尸,则弗臣也;当其为师,则弗臣也。大学之礼,虽诏于天子无北面,所以尊师也。"西汉文学家、哲学家扬雄曾有言:"师

---

① 秦东仁:《汲取孔子思想营养,弘扬传统民族个性》,《新课程(上)》2011年第8期。

者，人之模范也。"孔子曰："三人行，必有我师焉。"《荀子·大略》中有言："国将兴，必贵师而重傅；贵师而重傅，则法度存。"唐代韩愈的《师说》有广为流传的名句："古之学者必有师，师者，传道授业解惑也。"由此可知，尊师重教是中华民族五千年来的优良传统，是中华民族传统美德的重要伦理规范。我国传统的工匠精神之所以能够传承发展延续至今，与尊师重教的传统伦理是分不开的。

学徒制是我国古代工匠精神传承的主要方式和有效途径。从传承年代来看，学徒制最早可以追溯到周朝，尊师重教的传统自古有之，学徒制一经出现，尊师重教的伦理规范就与其紧密结合。《管子·弟子职》规定："先生将食，弟子馔馈。摄衽盥漱，跪坐而馈""先生有命，弟子乃食""先生将息，弟子皆起。敬奉枕席，问何所趾""先生既息，各就其友，相切相磋，各长其仪"。这种师徒关系及其相处之道很早就从道德层面上作出了规定。为了保证技艺传承和行业发展的延续性，师傅在挑选徒弟和教授徒弟时，会从人品、能力、意志力等多个方面严格要求徒弟，采用家族之治的宗法理念来培养徒弟，使徒弟从思想上对师傅终生感恩，以免出现"教会徒弟，饿死师傅"的状况。因此，在多数情况下，只有最亲密的师徒关系中的徒弟，才能学到师傅真正的技艺。师徒制的传承方式构建了手工业、制造业尊师重教的氛围与传统，古代师徒相承不仅是技艺的传承，更是师徒长期相处中不断进行的心灵契合与德行磨合。一方面，师傅在担负着传承技艺责任的同时，要教育自己的徒弟学会做人，将做人寓于做事之中；另一方面，徒弟在学习技艺的过程中要学会感恩，"敬业所以敬师，敬师所以敬道也"，让师傅感受到徒弟学艺的真诚与决心，感受到徒弟对师傅的真心实意与尊敬，这样才能师徒相得，出现像孔子那样"弟子三千，圣贤七十二"的流芳圣贤和"程门立雪""子贡尊师"之类的千古佳话。

进入21世纪，与古代传统学徒制相对应的农业经济已不复存在，取而代之的社会主义市场经济体制需要建立与之相适应的现代学徒制。不管社会如何变迁，观念如何更新，教育模式如何改革，尊师重教的优良传统始终存在,并将继续在现代学徒制等现代教育模式中发挥重要作用。

(四)官府管理是工匠精神传承与发展的有力保障

我国工匠精神的产生与发展与官府的参与管理密不可分。我国传统工匠阶层形成后,官府建立了匠籍制度,便于开展对工匠的身份管理和徭役赋税的征收,同时还设立了中央和地方两级手工业专门管理机构,统一管理行业生产、产品市场和技术质量等事宜。

我国对工匠的最早记录来自《周礼·考工记》,书中的记载对象均为官匠,书中详细记载了手工业生产技术及一系列生产管理和营建制度。《周礼·考工记》开宗明义:"国有六职,百工与居一焉。"这一方面说明了"百工"的重要性,另一方面也说明了"百工"属于官府手工业。汉代的郑玄对《周礼·考工记》注说,"百工司空事官之属""监百工者,唐虞已上曰共工"[1]。由此可见,早在周朝及春秋时期,官府就设置了对工匠的专门管理部门。汉代管理手工业的部门主要是少府、大司农等。隋唐时期主要的工匠组织管理机构是在中央设立的工部,还有专门的少府监、军器监、将作监等。明代管理手工业的最高机构是工部,下设司务厅、营缮、虞衡、都水、屯田四清吏司、都水司主事、营膳司主事、虞衡司主事、屯田司主事等机构[2]。

从春秋战国时期起,官府采用"物勒工名"的方式对工匠生产的产品进行质量管理。《吕氏春秋·孟冬》中有记载:"是月也,工师校功。陈祭器,按度程,毋或作为淫巧以荡上心,必功致为上。物勒工名,以考其诚,工有不当,必行其罪,以穷其情。"工师是监工者,负责考察管理工匠,"物勒工名"作为一种产品追溯制度要求工匠把自己的姓名刻在产品上,若产品出现质量问题,则工匠要承

---

[1] 赵扬:《浅谈工匠精神传承与发展的社会基础》,《全国流通经济》2019年第2期。
[2] 余同元:《中国传统工匠现代转型问题研究》,博士学位论文,复旦大学历史地理研究中心,2005,第42页。

担罪责。此外,还出台了诸如《工律》《工人程》《均工》等一系列法律与管理文件来加强对工匠及其制作产品的管理。先秦时期,民间工匠以物以类聚的形式在市镇设立店铺,在官府的统一管理下进行生产和销售。《论语·子张》中记载:"百工居肆,以成其事"。这种工肆制度便于手工业的集中生产与管理。

从秦汉时期开始,官府建立了一整套匠籍制度(元代称为"匠户制度")。凡在籍的手工业工匠,必须接受中央和地方官府专门主管机构的工役支配,按各级工役主管机构的指令为官府服劳役。为官府服役的工匠,在唐代称为"长上匠""短番匠"和"明资匠",在元代称为"官匠""民匠"和"军匠",在明代则称为"住坐匠"和"轮班匠"。到了清代顺治二年,清政府废除了匠籍制度,"令各省俱除匠籍为民""免征京班匠价"[①],工匠匠籍身份从此在法律上获得解放,取而代之的是雇佣与被雇佣的关系,工匠自由身份和地位的获得大大提高了其参与劳动生产的主动性和积极性。

综上可知,官府进行管理并直接参与手工业生产,从客观上促进了古代工匠技艺的提高及工匠精神的传承。

三、我国工匠精神的当代创新

(一)工匠精神的当代背景

党的十九大提出新的"两步走"战略,在全面建成小康社会的基础上,用 15 年基本实现社会主义现代化,再奋斗 15 年把我国建成社会主义现代化强国。在这样的时代背景和历史重任下,培育和弘扬工匠精神,对建设社会主义现代化强国具有重要意义,时代需要唤起人们对新时代工匠精神的深层思考。

---

① 李其江、吴军明、张茂林:《明清时期景德镇陶瓷轮制成型技艺的演变成因探析》,《中国陶瓷》2012 年第 10 期。

新时期，我国社会和经济发展面临重大变革，产业转型升级、供给侧结构性改革、创新驱动发展战略，正合力推动我国从一个制造大国迈向制造强国，我们需要大国工匠、需要工匠精神。当前，我国经济发展进入新常态，经济发展已不再是总量扩张的过程，而是结构的转型升级。我们正处于转变发展方式、优化经济结构、转换增长动力的攻坚期，要实现我国经济发展换挡但不失速，推动产业结构向中高端迈进，关键在于制造业。制造业是国民经济的支柱产业，是工业化和现代化的主导力量，是衡量一个国家或地区综合经济实力和国际竞争力的重要标志。人才是实现制造强国的根本，要加快培养制造业发展急需的经营管理人才、专业技术人才，建设一支素质优良、结构合理的制造业人才队伍，走人才引领的发展道路。制造强国战略目标的实现，不仅需要高端的工程技术人才，也需要精英管理人才，更离不开高水平技术技能人才，特别是具有精益求精、追求卓越精神的工匠人才。弘扬工匠精神能有力地推动我国由制造大国向制造强国转变。

工匠精神已成为新时代对我们每一个人的要求，成为新时代我们每一位劳动者追求的新名片。正如亚力克·福奇所说，"在新时期所弘扬的工匠精神不再是手工业者的职业道德追求，而应是所有人的行为追求。"[1]新时代的工匠精神超越了原来工匠精神"工"的范畴，它作为一种劳动价值观应是所有从事物质和精神产品生产的劳动者所秉持的一种职业态度，促使每一位劳动者在工作岗位上刻苦钻研，精益求精，追求更高的质量、更优的品质，这种职业态度具有重要的现实价值。因此，新时代每一位劳动者都应作为工匠精神的践行者和发扬者，助推新时代历史使命的早日完成。

（二）工匠精神的当代价值

新时代呼唤工匠精神，究其根本在于工匠精神的内在价值，这

---

[1] 亚力克·福奇：《工匠精神：缔造伟大传奇的重要力量》，陈劲译，浙江人民出版社，2014，第7页。

种价值强调的不仅是其历史作用,更是其现实价值。当前,我们应紧扣时代发展的需要,深刻认识工匠精神的积极作用和时代价值,从而理解弘扬工匠精神的必要性和紧迫性。

1. 工匠精神是建设创新型国家的重要推动力量

党的十九大报告指出,创新是引领发展的第一动力,是建设现代化经济体系的战略支撑。

加快建设创新型国家,就要瞄准世界科技前沿、强化基础研究,加强国家创新体系建设、涌现原创科学成果,深化科技体制改革、强化企业创新主体。而这些重大举措的推进和重大成效的实现,不仅需要一大批具有国际水平的科技人才、科技领军人才、青年科技人才和高水平创新团队,还需要一大批专业技能突出、创新能力强、善于解决实际问题的高水平技术技能人才。一大批具有工匠精神的高素质技术技能人才,是新时代推动建设创新型国家的坚实基础和生力军。

古往今来,工匠一直都在改变着世界,热衷于技术与发明创造的工匠是每个国家活力的源泉[①]。英国科学家弗朗西斯·培根曾说过,"火药、指南针、造纸术和印刷术是帮助欧洲从黑暗的中世纪转向现代世界最重要的四大发明。"以四大发明为标志的中国古代技术创新活动体现了中华民族不断进取的探索精神。流传至今的鲁班、李冰、蔡伦、李春等都是我国勤于实践、勇于创新的千古名匠,在他们的身上深刻体现了工匠精神中持之以恒的坚持和对创新的不懈追求。创新也成为在建设创新型国家背景下当代工匠精神最核心的内涵之一。新时代富有创新精神的工匠精神突出表现在,面对生产实践中出现的新问题,能积极创新,应用新技术、新工艺、新材料、新设备创造性地予以解决,以提升生产效率和产品质量。

创新是工匠精神的题中应有之义,弘扬工匠精神就是要营造崇

---

① 张旭刚:《经济发展新常态下工匠精神的价值意蕴、战略诉求与创新转换——兼论职业教育现代学徒制改革的推进策略》,《河南工业大学学报(社会科学版)》2016年第3期。

尚劳动、崇尚技能、鼓励创新的氛围，进一步激发劳动创新、技能创新的活力，加快建设创新型国家的步伐。

2. 工匠精神是企业提质创牌的重要推动力量

市场经济的主体是企业，建设市场经济的关键在于打造符合现代市场经济要求的企业。改革开放以来，我国经济经历了令世人瞩目的高速发展，然而，在面对大量发展机遇时，过于注重速度与效率使人们容易变得急功近利。经常见诸于报的国人在国外疯狂购物的行为，体现了国人对产品品质的极致追求。一个品质至上的时代已经来临，中国企业着力提升品质、打造品牌已经刻不容缓，而这一切离不开工匠精神的引领。李克强总理在2016年政府工作报告中提出，鼓励企业开展个性化定制、柔性化生产，培育精益求精的工匠精神，增品种、提品质、创品牌。时代需要工匠精神，中国企业的发展需要工匠精神，工匠精神是企业提品质、创品牌的关键，是支撑"中国制造"从"合格制造"走向"优质制造""精品制造"的精神动力。精益求精的工匠精神能够让企业在生产过程中专注于每一件产品，将产品细节做到极致，推动品质升级，通过产品的高品质形成自身的品牌优势。华为坚持每年将10%以上的销售收入用于研发，其产品销售到全球上百个国家和地区。任正非给华为全体员工的一封邮件"学习日本工匠精神，一生专注做一事"曾传遍网络，明确表达了他对工匠精神的态度，很好地阐述了工匠精神的内涵：一种对工作执着、对所做的事情和生产的产品精益求精、精雕细琢的精神。执着坚守"炮制虽繁必不敢省人工，品味虽贵必不敢减物力"理念的同仁堂，以传承百年的实践证明，企业要把工匠精神融入研发、设计、生产、质量等经营管理的各个环节中去，把精神转化为行动，把产品质量做到极致，让工匠精神真正助力企业提品质、创品牌。

3. 工匠精神是个体成长实现价值的重要推动力量

马斯洛需求层次理论将人的各类需求按照一定的层次和标准进行划分，其中，生理需求是最低层次的需求，而自我实现的需求是最高层次的需求。这说明人在满足自己的衣食住行等基本需求后，需要通过不断提升和完善自己，充分发挥个人能力，追求最高境界和愿景，最终实现个人的自我价值。工匠精神作为一种精神力量，在促进个体发展的过程中起着价值引领、方法目标、实践动力的作用，有利于将人的需求由低到高逐层推进，从而满足个体生存的需要，实现个体的职业认同和提升个体的社会价值，推动个体成为有理想、有本领、有担当的时代新人。

个体成长需要自身能力的提升，而自身能力的提升离不开社会实践活动，工匠精神正是社会物质生产实践活动的成果，对个体能力提升能起到实践指导作用。首先，工匠精神能提升个体物质生产能力。工匠的"造物"活动是一种持续性的创造性劳动，需要工匠对技艺和产品进行持之以恒的钻研和完善，在这种持续性的活动过程中，工匠充分利用并不断提升自己的能力，推动个体成长与成才。其次，工匠精神有利于实现个体价值。个体价值是自我价值与社会价值的有机统一，在实现自我价值的同时也在创造社会价值。工匠精神是推动个体价值实现的一种精神力量，也是一种实践动力。实践是人类生存和发展的基础，作为在劳动实践中产生的工匠精神，倡导我们通过劳动实践去实现自我价值与社会价值，这也是个体发展的最终落脚点。

（三）工匠精神的当代践行

当前，我国社会的主流价值观是社会主义核心价值观。社会主义核心价值观是当代中国精神的集中体现，凝结着全体人民共同的价值追求[①]。工匠精神所体现的崇尚劳动等基本价值内涵与社会主义核心价值观完全相同，我们要深刻领会社会主义核心价值观的内涵要义，将其内化于心、外化于行，在社会主义核心价值观的引领下勇做践行工匠精神的先锋，使工匠精神成为全社会、全民族、全体

---

① 齐卫平：《问题关切与党的指导思想与时俱进——习近平新时代中国特色社会主义思想的诞生》，《思想政治课研究》2019年第1期。

劳动者的价值导向和精神追求，让工匠精神与社会主义核心价值观共同激励我们为实现美好生活而努力奋斗。

1. 社会主义核心价值观的基本内涵

党的十八大报告明确提出，倡导富强、民主、文明、和谐，倡导自由、平等、公正、法治，倡导爱国、敬业、诚信、友善，积极培育和践行社会主义核心价值观。这一重要内容中的12个词分别从国家宏观层、社会中观层、个人微观层三个层面，全面而具体地阐述了这一价值观的内涵。

"富强、民主、文明、和谐"是从国家层面出发所追求的价值目标，是我们共同追求的价值目标和对未来美好生活的期盼。"自由、平等、公正、法治"是从社会层面出发所追求的价值目标，是社会不断进步和发展的需要，是一种对社会秩序的深刻表达与基本要求。"爱国、敬业、诚信、友善"是从个人层面出发所追求的价值目标，体现了个人生存与发展所需要的基本道德品质的要求。

2. 工匠精神与社会主义核心价值观的关联性

工匠精神与社会主义核心价值观同为意识形态，起源于中华优秀传统文化。尽管两者在形成的历史背景、使用范围、核心内容等方面有着或多或少的差异和区别，但通过比较分析工匠精神与社会主义核心价值观的内涵可知，两者指导思想契合，教育对象一致，知识结构匹配，实施内容相近，协同基础扎实，在很多方面存在同质关联性，是相互促进、相辅相成的耦合关系。

从基本内容来看，工匠精神的核心内容是爱岗敬业、精益求精、专注严谨，是公民职业道德的具体体现；爱国、敬业、诚信、友善是社会主义核心价值观在公民个人层面的价值准则与基本遵循。工匠精神蕴含的职业理念和价值取向与社会主义核心价值观的内涵高度一致。从实践过程来看，工匠精神的载体是劳动，强调以劳动为基础，脚踏实地，持之以恒，不断创新，完善产品，在劳动中发挥自我价值、创造社会价值。社会主义核心价值观也强调劳动者的主体地位，倡导人们爱岗敬业、诚信为本，凭借劳动实现人生价值，获得社会认可。由此可知，工匠精神与社会主义核心价值观都崇尚劳动，强调通过劳动实践实现个体价值。从实践结果来看，工匠精神倡导劳动者在制造产品的过程中，通过技能提升和技术革新创造出更多高品质的产品，满足市场消费需求，促进经济发展与社会繁荣。社会主义核心价值观也致力于倡导人们齐心协力，共同建设富强、民主、文明、和谐的社会主义现代化国家。因此，工匠精神与社会主义核心价值观是一脉相承的，存在同质关联性。弘扬工匠精神是遵循社会主义核心价值观个人层面价值目标的重要体现，社会主义核心价值观为工匠精神培育提供了坚实的思想基础和精神动力，两者耦合基础扎实，相辅相成，共同发展。

3. 社会主义核心价值观引领下的工匠精神践行与创新

社会主义核心价值观是一个包含国家、社会、公民三个层面有机统一的系统价值观，即国家层面的"富强、民主、文明、和谐"，社会层面的"自由、平等、公正、法治"，公民个人层面的"爱国、敬业、诚信、友善"。作为一种职业价值观，新时代工匠精神的弘扬和培育必须以社会主义核心价值观为指引，从国家层面的富强文明、社会层面的平等公正和个人层面的敬业诚信方面与社会主义核心价值观保持一致，把新时代工匠精神的培育与社会主义核心价值观的践行结合起来，使新时代工匠精神永葆生机与活力。

（1）践行新时代工匠精神应体现富强文明

为实现中华民族伟大复兴中国梦和社会主义现代化强国愿景，国人的家国情怀不断汇聚升腾，富强、民主、文明、和谐，成为国人共同追求的价值目标。国家富强是近代以来中华民族的热切期盼，大力践行社会主义核心价值观有助于国家富强文明的实现。在国家的大力宣传和号召下，工匠精神作为新时代的重要精神，被赋予了精益求精、勇于创新的新时代内涵，培育和践行工匠精神是对社会主义核心价值观的生动体现。在社会主义核心价值观的正确指引下，新时代工匠精神有利于激发国人勇于担当国家使命，有利于坚定国人的爱国理想和信念，有利于改变国人的精神面貌，对于国家富强目标的早日实现、国家整体文明水平的提升具有明显的促进作用，是推动经济转型发展、国家富强文明的重要精神支撑。

习近平总书记强调，劳动最光荣、劳动最崇高、劳动最伟大、劳动最美丽。在社会主义核心价值观指引下的工匠精神培育与践行，最为重要的就是要树立"劳动光荣"的新风尚。为此，应加大对工匠精神的宣传力度，发挥先进榜样的引领作用，让工匠精神成为所有从业者的价值追求，更好地汇聚国人的力量。中央电视台大型纪录片《大国工匠》讲述了高凤林等 8 位不同岗位的劳动者，用灵巧双手匠心筑梦的故事。奉献于航天事业的焊接匠人高凤林，几十年来一直坚守在火箭发动机焊接工作的岗位上，通过自己的勤奋努力、刻苦钻研，突破多项焊接难题，练就了不一般的焊接技艺，为国家多项重点工程的顺利实施作出了突出贡献。他说，"岗位不同，作用不同，仅此而已；心中只要装着国家，什么岗位都光荣，有台前就有幕后""每每看到我们生产的发动机把卫星打入太空，这种民族认可的满足感是用金钱买不到的。"正是这种"认同感"和"满足感"，让他选择了"留下"与"坚守"。正因为有这样的大国工匠将工匠精神与技能传承下去，我们乃至后人，才能遇见国家未来更美好的富强文明。

（2）践行新时代工匠精神应体现平等公正

社会主义核心价值观中的"自由、平等、公正、法治"是立足于社会层面的价值目标。其中，实现社会公正和人的平等一直以来都是人类不懈的价值追求和美好理想。早在古希腊时期，柏拉图就把公正视为理想政体的重要德性。美国著名哲学家约翰·罗尔斯也把社会公正看作社会制度存在的首要价值。马克思认为，在共产主义社会第一阶段，生产者的权利是同他们提供的劳动成比例的，平等就在于以同一尺度——劳动来计量。即在社会主义条件下，劳动成为衡量社会平等的重要尺度，有劳动能力的人，不管从事什么职业，付出等量劳动就可以获得等量报酬，反对不劳而获侵占他人劳动成果。恩格斯同时指出，平等应当不仅是表面的，不仅在国家的领域中实行，它还应当是实际的，还应当在社会的、经济的领域中实行。在新时代，平等公正也是社会主义核心价值观在社会层面的重要价值准则。只有在平等公正的社会中，人们才能各得其所、安居乐业。

工匠精神是践行社会主义核心价值观、弘扬劳模精神和劳动精神的具体实践，工匠应通过个体劳动实现平等公正，进而实现自我价值和社会价值。但我国长期以来"学而优则仕"的传统观念，衍生出"万般皆下品，唯有读书高"的价值观，以及"劳心者治人，劳力者治于人"的人才观。在士农工商、四民分业制度的影响下，社会层次划分以"士农工商"作为高低贵贱的考量标准，工匠阶层在社会等级序列中地位低下，很多不入统治阶级"法眼"的工种门类直接被归为"三教九流"。这些传统文化和思想观念的影响沿袭至今，造成了当代培育和传承工匠精神的文化土壤缺失，社会平等公正的良好风尚难以形成。

构建公正的制度体系是弘扬工匠精神、营造良好社会风尚的有效之举。正如柏拉图在《理想国》中所说，"为了把大家的鞋子做好，我们不让鞋匠去当农夫，或织工，或瓦工。同样，我们选拔其他的人，按其天赋安排职业，弃其所短，用其所长，让他们集中毕生精力专搞一门，精益求精，不失时机""木匠做木匠的事，鞋匠做鞋匠的事，其他的人也都这样，各起各的天然作用，不起别种人的作用，这种正确的分工乃是正义的影子。"[①]柏拉图认为，如果让鞋匠去做农夫的事情，让织工去做瓦工的事情，不仅无法制造出优良的产品，还可能对国家产生危害，这是对公平正义的侵害，所以，各人按天赋所长从事各自的职业，就是正义的体现。正义原则为构建公正的制度体系和弘扬工匠精神奠定了理念基础，引导全社会进一步确立崇尚劳动、崇尚技术、崇尚创新的价值观念，促进形成"崇尚一技之长、不唯学历凭能力"的社会风尚，将工匠精神升华为社会大众和全体劳动者的信仰，使之成为人人尊崇的价值准则。

---

① 柏拉图：《理想国》，郭斌和、张竹明译，商务印书馆，1986，第172页。

（3）践行新时代工匠精神应体现敬业诚信

习近平总书记指出，人世间的一切幸福都需要靠辛勤的劳动来创造。劳动是人类社会精神财富和物质财富的源泉，敬业则是对劳动过程中恪尽职守、精益求精工作态度的高度概括，敬业对于推动个人实现自身价值和促进社会与经济发展具有重要作用。梁启超先生在《饮冰室合集》中曾这样论述"敬业"：一个人对于自己的职业不敬，从学理方面说，便亵渎职业之神圣；从事实方面说，一定把事情做糟了，结果自己害自己。所以，敬业主义于人生最为必要，又于人生最为有利。由此可见敬业的重要性。敬业是工匠精神的本质体现，也是社会主义核心价值观在个人层面的价值目标。在新时代工匠精神的基本内涵中，爱岗敬业是其本质体现，从业者尽最大的努力做好本职工作，把从事的职业当作事业来对待，持续专注，全身心地忘我投入，以敬业乐业的态度对待每一项工作任务，干一行爱一行、爱一行专一行，体现出基本的职业精神和职业价值观。当社会中具有爱岗敬业工匠精神的群体越来越多时，我们相信，崇尚敬业精神的社会风尚也在不断形成。

社会主义核心价值观中的"诚信"强调的是公民诚实劳动、信守承诺，这也是社会主义道德建设的重要内容。诚信是一种普世价值观，是社会对每个人的要求，也是成为合格中国公民的要求。只有个人诚实守信，获取他人信任，才能建立良好的社会关系，它是良性社会关系建立的重要保障。"诚信"是我国传统文化中的一种道德传统，也是工匠精神得以传承和发展的儒家文化基础中的"五常"之一。孔子曾说过"无信不立"，一个人如果不讲诚信，不守信用，那么在社会中将难以立足。新时代工匠精神作为一种以产品品质为价值导向的职业价值观，它要求从业者爱岗敬业、诚实守信、精益求精、专注求新，这些特质正是产品品质的有力保障，而产品品质有保障又是从业者诚信的直接体现。中国古代工匠制作产品"物勒工名，以考其诚"，把自己的姓名刻在产品上来保证产品质量，未尝不是对工匠诚信的一种鞭策。

新时代工匠精神强调的爱国主义情怀、敬业奉献精神、诚实守信品质，与社会主义核心价值观的内涵相一致，践行这一精神所体现的富强文明、平等公正、敬业诚信，正是社会主义核心价值观所追求的目标与愿景。由此可知，传承与发扬新时代工匠精神就是在践行社会主义核心价值观。

第四章

工匠精神传承的国际借鉴

工匠精神是制造业发展的内生动力,中国要完成从"制造大国"向"制造强国"的转变,离不开工匠精神。纵观德国、瑞士、日本、美国等当今全球制造业强国,他们闻名世界的制造业品牌和口碑都得益于他们重视工匠精神的培育与发扬。提升中国产品的制造质量、革新制造技术,进而形成中国制造业品牌,是中国由"制造大国"向"制造强国"迈进的必由之路。借鉴世界上制造业强国培育与弘扬工匠精神的经验,促进中国工匠精神培育机制的形成,将有助于推进我国制造业向中高端迈进。

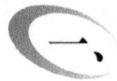

一、德国的工匠精神及传承

第二次世界大战之后,欧洲四大老牌工业经济强国形成了欧洲四大经济体,主导着欧洲乃至世界的经济走向。德国作为欧洲四大经济体之一,是一个经济高度发达、国民生活水平极高的国度,其重要象征是以汽车和精密机床为代表的高端制造业。德国的工匠精神是如何形成并传承的呢？

（一）德国工匠精神的历史溯源

德国的工匠精神并不是自古就有，而是从工业化时代初期开始的。哲学思维的启蒙、宗教思想的熏陶、地理环境的影响，成为德国工匠精神得以形成和传承的主要因素。

1. 哲学思维的启蒙

德国哲学是西方历史上一道别样的风景，德意志民族也被称为"哲学的民族"。德国哲学史上极具影响力的代表人物有康德、黑格尔、费希特、谢林等，他们充分吸收以前的哲学家们的思想成果，在前人的基础上提出新的哲学问题并开展思辨，将哲学思维提升到一个新的高度。

德国哲学思维方式的思辨性、理性特点影响了其工匠精神的形成和发展[①]。托马修斯所倡导的理性知识的运用、莱布尼兹所创建的德国近代第一个单子论的形而上学体系、康德的批判哲学、黑格尔的唯心辩证法、费尔巴哈的唯物主义论……这些德国哲学史上的成就，无一不体现出德国人严谨、理性、思辨的哲学思维。从德国近代哲学的发展历史不难看出，德国哲学理性、思辨的思维方式对本国文化产生了深远的影响。德国哲学史上的每一次哲学变革都塑造了德意志民族更为理性的民族品格，增强了德意志人的逻辑意识和思辨能力，更重要的是，这种理性通过与教育相结合，渗透到了德国人生活的方方面面。将德国哲学融入教育，是德国哲学思维启蒙的重要途径。通过教育进行渗透和改革，可以将德国哲学思维的严谨、理性传递给德国人，并根植于民族性格之中。德国哲学家们关注教育事业的发展，很多大家著书立说，影响世人，同时还将哲学思想贯穿于教育实践当中。康德的教育思想就被贯穿进了德国初等

[①] 潘建红、杨利利：《德国工匠精神的历史形成与传承》，《自然辩证法通讯》2018年第12期。

教育、中等教育和高等教育的全过程，对德国乃至世界的教育思想产生了重要影响。此外，德国哲学的理性精神给19世纪德国的大学教育改革提供了原则遵循。随着德国哲学思维在教育中的渗透，德意志人的思维方式也受到了潜移默化的影响，逐步形成了严谨、理性的民族性格。德国工匠精神所体现出的严谨精确、理性务实、追求完美、精益求精的职业特点与其哲学思维有着密不可分的关系。

2. 宗教思想的熏陶

德国的年轻人愿意做工人，除了德国工人的社会地位高，宗教思想的影响也是一个很大的因素。宗教向度是研究工匠精神的重要维度。在德国，工匠精神的形成与其相应的宗教背景密不可分。在16世纪的宗教改革中，马丁·路德提出了宗教伦理的"天职观"，他认为每一种职业都是上帝既定的，具有同等价值，人无论从事何种职业都能够得到救赎，不需要注重职业形式。这种观点从宗教意义上将劳动的价值和职业的地位进行了重新审视，它把劳动作为上帝设立好的"天职"来对待，一个人的天职就是要好好履行上帝赋予的任务，无论从事哪种正当的职业，在上帝看来都是平等的。天职观从根本上改变了人们对劳动的传统认知，内化了人们关于劳动的道德理念，并逐渐演变为职业伦理。随着时间的推移，德国人的脑子里形成了一种观念，他们一旦选择了一种职业，就会认真地做好工作，因为他们认为这种职业是上帝安排的天职，是上帝安排他在尘世中生活的一种方式。天职观所演变出来的职业伦理，把宗教的虔敬精神注入到了尘世的劳动之中，从客观上促进了德国工匠精神的形成。德国人所表现出来的严谨、勤奋、有序的工作态度，逐渐沉淀为德意志民族的工作习惯和特有的文化心理。随着"天职"意识慢慢渗透到德意志民族的血液之中，德国手工业阶级应运而生。德国手工业阶段诞生初期，其社会地位远远比不上贵族和商人，但是，在天职观的影响下，手工业者坚定"所有正当职业都具有同等价值"的信念，把职业劳动看作对上帝的侍奉，这种宗教信仰所蕴含的强大精神力量，不仅提高了手工业者的社会地位，而且催生了德国工匠精神的萌芽。随着手工业者劳动水平的不断提高和劳动范围的扩大，手工业行业联盟得以形成。联盟将手工业者划分为学徒、工匠和师傅三个不同的等级，从学徒做起，到工匠等级便可以"自立门户"，从事自主经营活动。可以说，彼时的德国工匠代表着传统手工业阶级的中坚力量，提高了手工业者在社会上的地位，是德国工匠精神得以形成的阶级基础。

3. 地理环境的影响

人类与环境是相互依存、相互作用、相互制约的，不同的地理环境所孕育的民族文化和民族性格各具特色。德意志民族所表现出的严谨、勤奋、理性等特征与其独特的地理环境是分不开的。

德国位于欧洲中部，素有"欧洲走廊"之称，东部与波兰、捷克相邻，南部与奥地利、瑞士接壤，西临荷兰、比利时、卢森堡和法国，北临丹麦，是欧洲邻国最多的国家，也是地缘政治最复杂的国家。从世界范围来看，欧洲国家在世界经济发展中具有重要作用，而德国处于欧洲地缘环境的心脏地带；从周边国家环境来看，德国位于欧洲中部，是欧洲内部连通的重要枢纽；从区域环境来看，德国的地形复杂，变化多端，整个德国的地形可以分为 5 个具有不同特征的区域，不利的地理环境促使德意志民族为了生存而更加勤奋。复杂的地缘政治促使德意志民族以严谨、理性的思维审时度势、权衡利弊、化解危机。可见，德国人严谨、勤奋、理性的民族特质与其复杂的地理环境和地缘政治有着密不可分的关系，在长期的历史进程中，德国人的工匠精神得以孕育并发扬。

（二）德国工匠精神的形成机制

德国工匠精神的形成受内因和外因两方面的作用。它形成的前提是其一定时期所积累下来的技艺经验转化成过硬的技术，而其良好的经济环境也在客观上加速了工匠精神的形成，这些都是客观上存在的外因；内因则是其不断追求内在发展、不断追求完美的质量文化意识。在内因和外因长时间的共同作用下，德国的工匠精神得以形成。

1. 技艺传承是德国工匠精神形成的技术前提

匠，其本义是指手艺人，所以工匠精神的形成必然离不开技艺的支撑。12 世纪，德国农村手工业发展迅速，在 14 世纪和 15 世纪，德国的城市手工业逐渐取代农村手工业，且发展势头良好。为了促进行业发展、维护共同利益，手工业者们相继建立行会，行会是为了保护本行业利益而互相帮助、限制内外竞争、规定业务范围、保证经营稳定、解决业主困难的组织[①]。中世纪的欧洲行会是自治的，官员由行会内部自主选拔，这对欧洲的政治思想演进具有促进意义。行会的社会地位影响着手工业者们的社会地位，手工业者们受到社会的高度尊重，尤其在技艺上有所创新的更是如此，这也是传统技艺能够得以传承的客观因素。

行会作为一个相对独立的社会单位，它制定了自己的规章制度，其中相当一部分是行会道德准则，第一条便是"保证产品质量，反对弄虚作假"，经过时间的推移，这一点演化成了手工业者的道德义务、社会责任和职业荣誉。行会不仅要求每一位入会者热爱自己的行业，还对工人们的技艺水平提出了非常严格的要求，为了熟练掌握技艺诀窍，徒弟一般必须经过七年学徒期，并且在以一件成活证明自己的知识和能力之后，才能出徒。作为师傅，不但要向徒弟传授技艺，还要将细致、严谨、专注、耐心等品质和敬业、诚信、务实、友善等职业伦理传承给徒弟。工匠技艺和经验的不断积累与传承以及技艺水平的提高，为德国工匠精神的形成提供了技术基础。

2. 质量意识是德国工匠精神形成的内部因素

德国人在经历了"德国制造"的"耻辱"后，制定了质量强国战略，建立了系统的质量管理体系和质量认证制度，致力于提高产品质量。如今的德国，从城市规划、公共设施到企业文化、产品质量，都可以看出德国人"以人为本"的理念和质量文化意识。

---

① 杨兰：《职业道德教育方法概念的理清及其历史考察》，《职业技术教育》2008 年第 34 期。

有这样几个故事[①]。

欧盟成员国联合制造了一种新客机,送往各成员国进行试飞。试飞是飞机制造的重要阶段,一些成员国的厂商在机舱的醒目位置贴上"小心保养""精心爱护"等字样,提醒乘客处处小心,以免发生安全事故。而新客机在德国试飞却是另一番景象,德国的厂商不贴任何提醒标志,而是跟乘客反复强调,要"破坏性"地使用机舱中的各种设施,如可以在座位上使劲摇晃,可以用力拉扯厕所门,开关、按钮可以反复按,总之,想怎么折腾就怎么折腾。通过这种近乎野蛮的"试用",使机舱里那些容易损坏的部位充分暴露问题,厂商便可以有针对性地进行改进,从而确保新客机的质量和安全。

德国人对于自己的产品非常细致,并且强调安全。以鸡蛋为例,德国市场上销售的鸡蛋通常是用硬纸盒包装的,基本看不到散装的鸡蛋,而且硬纸盒里的每一个鸡蛋都拥有一个红色的编码以表明其"身份",如 1-NL-3425311,第一位数只能是 0、1、2、3 这四个数之一,用以表示生蛋的鸡的饲养方式,0 代表绿色鸡蛋,1 代表露天养鸡场饲养的鸡生的蛋,2 代表圈养的鸡生的蛋,3 代表笼子里饲养的鸡或者饲养环境很差的鸡生的蛋;NL 则代表销售的国家,NL 代表荷兰,DE 代表德国;而后面一串数字则代表产蛋母鸡所在的养鸡场、鸡舍或鸡笼。这一组编码,不但可以让消费者知道自己购买的鸡蛋的营养价值,而且一旦鸡蛋出现质量问题,还能从编码追根溯源,找到其产地。这样,不但确保了鸡蛋的质量,还规范了养鸡行业的管理。

德国的不少家庭都备有一种机器,专门用于把小型木质、竹质的废弃物加以粉碎,将其与肥料拌在一起撒在花园的土里以疏松土壤。如用过的牙签,他们会带回来粉碎。因为他们认为,锋利的牙签随意丢弃在饭桌上有许多坏处,一是可能会刺破垃圾袋,让袋子里的脏东西流出来污染环境;二是万一小动物吃剩饭剩菜时吃到牙签,可能扎破喉咙;三是万一环卫工人处理垃圾时不小心碰到牙签,可能会扎破手指。

[①] 李忠东:《德国人的安全与质量意识》,《中外企业文化》2007 年第 8 期。

德国人就是这样，严谨认真到让人觉得很刻板，他们做事精确到螺母要拧几圈，做菜用调料得分毫不差地称量……然而，正是这种较真的劲儿，造就了其质量的口碑，其产品大到汽车、小到订书机，质量均世界领先。正是这种细致、较真及标准化的操作，使得工匠精神融入这个民族的血液当中，助推工匠精神迅速发展，成为德国工匠文化的重要组成部分，也成为制造业乃至民众一切工作和生活都要遵循的价值准则。

3. 良好的社会经济环境是德国工匠精神形成的外在驱动

任何理念和文化都离不开特定的社会土壤的培育，良好的社会经济环境促进了德国工匠精神的产生、形成和传承。从社会地位来看，受德国宗教信仰和行会的影响，德国工匠的社会地位较高，可以通过细致、踏实的工作得到职业荣誉。自中世纪以来，德国的手工业发展迅速，其在国民生产总值中的占比持续走高，德国工匠在提高经济实力、促进社会发展方面发挥了重要作用，社会尊重工匠，尤其是实现技术创新的工匠。同样，德国工匠自身也对职业充满了认同感和荣誉感，在其还是学徒时，便被教授要自主自觉地履行职责，要将严谨、专注、细致、认真等品质融入职业精神中。从薪资待遇来看，德国工匠的收入与其社会地位较为对等，并且随着工匠技术的提高，其收入也会逐步提升。一些高级工或熟练工的工资甚至高于部分高收入职业的水准。从社会环境来看，德国的社会环境适合工匠精神的形成。德国人善于思考、勤于钻研，在全社会营造了乐于学习和动手的良好氛围，在客观上推动了德国工匠精神的形成。同时，良好的经济环境为工匠精神的形成创造了适宜的条件。德国的银行在企业持有大量的股权和控制权，银行工作人员进入企业直接参与经营决策，这种德国特有的银企关系有利于企业的发展和工匠精神的培育。企业性银企关系制度使企业能够摆脱资金困扰，有效缓解企业经营中的市场压力，有利于企业摆脱短期财务目标束缚，转而追求长期利益，使企业更专注于产品加工和制造，从而更好地培育认真、细致、严谨、创新的德国工匠精神。

（三）德国制造完美逆袭的启示

说起德国制造，一定能想到许多高品质的企业品牌，如奔驰、宝马、西门子……也许鲜有人知，德国制造在一百多年前是劣质的代名词，更是一种侮辱性的符号。1887年，英国议会修改了《商标法》的条款，规定所有从德国出口到英国的产品都必须注明"德国制造"，以此将德国生产的劣质产品与英国本土生产的高质量产品区分开来。这是"德国制造"的起源，但是，严谨的德国人用了一百多年的时间，将"德国制造"这个山寨的代名词变成了高品质的代名词，德国从"山寨大国"转变为世界制造业强国，实现了完美的逆袭。

德国制造的逆袭并不是偶然的。有一张照片叫作"不变的德国"，照片上是第二次世界大战之后德国人所修复的建筑。在第二次世界大战之后，德国所剩的建筑不多了，几乎所有城市都变为废墟。执着的德国人并没有选择就地重建，而是花大力气复原古建筑。他们找出当年的设计图，集合了考古学家、科学家、建筑师、文化学家、技术工人等，花费了数十年的时间，将建筑修复成原来的样子。由此可知，德国制造得以成功逆袭，得益于他们尊重、热爱、信仰并发扬本国的文化。

德国人的经济学也是"德国制造"完美逆袭的原因之一。德国人不相信物美价廉，他们相信的是质量。有口皆碑的质量、先进专业的技术及优秀的售后服务是德国人行商的信条，也是德国人的经济学。德国人造的锅质量好到可以用一百年，有人认为一口锅用的时间太长会影响销量，但德国人认为一口锅用的时间长，是因为质量好，质量好就能得到客户的信赖，自然就能给他带来第二个、第三个客户。德国人对于产品质量与价值的注重让"德国制造"越走越远，很多德国企业生产制造的产品都是高难度、具有世界领先水平的，别国一时半会儿无法制造出来[1]。

如今的德国，已经进入了后工业时代，很多生产车间都是纯机

---

[1] 李工真：《德国工匠：我们不相信物美价廉》，《决策探索（上半月）》2016年第2期。

器操作，不需要人工参与。从进料、生产、质检到包装、堆货等所有工序都由机器完成，整个生产过程只需要一个人监控就可以完成。

二、瑞士的工匠精神及传承

瑞士国土面积小，资源匮乏。在艰难的环境中，瑞士人逐渐意识到，只有凭借能工巧匠的精湛技艺创造产品的高附加值，才是瑞士产品的核心竞争力，才能让瑞士产品在国际市场上站稳脚跟。一代又一代的瑞士工匠潜心研究技艺，用心打磨，终使"瑞士制造"闻名全球，而瑞士也被冠以"钟表王国"之名。要说瑞士制造成功的秘诀，那就当属瑞士的工匠精神。

（一）瑞士工匠精神的形成原因

1. 有力的法律保障和资金投入

瑞士是联邦制国家，各州政府拥有独立的教育立法权和管理权，但唯独职业教育由联邦政府和各州政府共同管理。瑞士联邦政府设立职业教育与技术办公室，专门主管职业教育，主要负责根据国家对职业教育的需要制定各项职业教育和培训政策及发展计划。各州政府同步设立职业教育与技术办公室，负责对职业教育和培训机构进行监督。从管理机构的设置上可以看出瑞士对于职业教育的重视程度[①]。

瑞士人很早就意识到了职业教育的重要性。由于地理环境限制，瑞士国内资源匮乏，许多原材料都依赖进口，导致重工业发展受阻，只能靠加工业立足，这就对工人的职业素质提出了更高的要求。在20世纪30年代，瑞士联邦政府颁布了第一部联邦职业教育法。2004年，瑞士新职业教育法颁布，重新对政府和企业职责、专业教学及学徒培训内容、从业人员资格、质量保障机制等作出规定，使瑞士

---

① 高靓、李震英：《发展职教：各国走出危机的新战略》，《人才资源开发》2011年第4期。

的职业教育拥有了行政管理的法律保障。该法还规定，小学二年级必须开设各类手工课程，以培养学生的劳动兴趣和习惯；从初中二年级开始，学校要对学生进行系统的职业指导。

瑞士不但为职业教育提供了强有力的法律保障，而且提供了强大的资金支持。新职业教育法规定，联邦政府、州政府和行业组织是瑞士职业教育资金的三大主要来源。据有关数据显示，2007年，瑞士中等职业教育经费比普通高中教育经费高出4个百分点。由瑞士联邦经济事务部发布的《2008—2011年教育、科研和创新指南》可知，2011年，瑞士职业教育获得12.42亿瑞士法郎的联邦拨款，如此强大的资金投入为瑞士技能人才培养提供了强有力的资金保障。

2."三元制"人才培养模式

自然资源匮乏的瑞士，选择用人才资源来弥补自然资源的不足。据2018年的数据统计，瑞士总人口约852万，但却是瑞士社会和经济快速发展的关键所在。瑞士重视教育，尤其是职业教育，被认为是瑞士最出彩的地方。在瑞士人眼中，学历远远没有技能重要，所以，在瑞士，职业教育并不是所谓"差生"的无奈之选，而是国家经济建设的重要组成部分。

瑞士每年有三分之二的初中毕业生选择进入职业学校读书，之后开始工作。瑞士非常重视职业人才的培养，职业培训在整个教育培训体系中占据着非常重要的地位。瑞士各级政府对职业培训投入了大量的人力、物力和财力，有关数据显示，瑞士联邦、各州和市镇三级政府的教育经费之和，相当于全国行政费用支出的五分之一[①]。瑞士的企业也深度参与职业培训，很多大企业都设有培训中心，定期培训员工，更新员工的专业知识，提升员工的专业技能。瑞士的职业教育采用企业、职业院校和行业培训中心"三元制"人才培养模式，学生每周有一至两天的时间在职业院校学习，另有三到四天在企业担任学徒，学生不仅可以在学校学习理论知识，还能够在企

---

① 肖卫东：《小而精，瑞士的工贸业》，《经贸导刊》2003年第1期。

业的岗位上学习相应的技能知识，对于企业来说，提前培养学徒的岗位技能，有利于学生毕业后就能快速进入工作状态，这直接为企业提供了大量熟练的技术工人，而熟练的技术工人又为企业生产高品质的产品提供了有力的保障。

3. 尊重工匠的社会氛围

良好的社会氛围是工匠精神和工匠技艺得以传承的必要土壤。瑞士联邦政府高度重视职业教育，并颁布配套法律法规和财政支持政策；瑞士家庭在子女的教育与择业问题上，通常也采取尊重的态度，他们认为，只要孩子爱钻研、积极上进、热爱生活、爱岗敬业，将自己的本职工作做好，就能成为行业精英，家长们普遍认为，社会需要各行各业的精英，行业与行业之间是平等的；瑞士企业乐意为职业学校培养学徒，并且企业以培养学徒为荣；瑞士人从小就被灌输一种理念——"一个健全的人必须掌握一门技能，并获得一份工作"。从国家到家庭，从企业到个人，都尊崇崇尚劳动、注重技能、尊重工匠的理念文化，正是这样和谐的社会氛围，给瑞士工匠精神培育与传承提供了良好的土壤，从而让瑞士的人才培养、精品制造在世界舞台上开花。

4. 资源整合与提炼的能力

辉煌成就的背后必定少不了一段艰辛的岁月，瑞士制造也不例外。瑞士人凭借锲而不舍的韧劲、敏锐的观察力和丰富的创造力，在面临"石英危机"时，拒绝随波逐流，而是选择沉淀自己、自我反思、整合资源、另辟蹊径，将钻石、陶瓷、橡胶、金属等资源进行整合，制成精美的艺术作品，从而渡过危机。虽然花费二十多年的时间进行转型升级，但从未想过放弃，这足以体现一个民族执着坚守、勇敢面对的高贵精神品质。

瑞士的国土面积仅有 4 万多平方公里，人少地小、资源不足的基本国情，使得瑞士只能走精品制造的发展道路。这就要求工人在生产过程中要珍惜资源、物尽其用、创新发展，不断提高资源利用率，同时还要提高产品的性价比，以增加产品的竞争优势。这就对工人的技艺娴熟度和创新能力提出了更高的要求，敏锐的观察力、丰富的创造力、资源的整合力淬炼了工匠的匠人品质和工匠精神。

5. 信誉品质的延续与传承

瑞士国小人少，但经济实力不容小觑，在世界500强企业中，瑞士有十余家企业上榜，其中，像嘉能可、雀巢、瑞银等更是拥有影响全球市场的能力。瑞士在工业制造、医药、金融、零售等行业中都有知名企业。

一个领土面积不足5万平方公里、人口不足1000万的国家，为什么能拥有十余家世界500强企业，而且这些企业大多是拥有百年以上历史的世界知名公司呢？这和瑞士企业高度注重产品质量和价值的企业文化有关，瑞士企业的道德水准和职业水准都很高，只要是瑞士制造，就代表着消费者可以信赖的卓越品质。瑞士企业始终坚持以品质取胜，不打价格战，不相信物美价廉[①]。当然，瑞士企业也追求利润，但并不是一味地只追求利润，而是以更长远的眼光来分配利润。他们在保留合理的利润的同时，将部分利润投入到产品的质量提升和服务完善上，对产品的精益求精、对服务的尽善尽美，正是瑞士产品享誉全球、瑞士工匠精神得以形成的关键所在。

（二）瑞士工匠精神的基本特质

1."一生专注一行"的执着坚守

瑞士人特别淳朴，这也是其工匠精神得以形成的原因之一。很多瑞士工匠一生只做一行，一生专注于做一件事，有的甚至是整个家族几代人只专注于做一件事。瑞士有很多制表工匠、珠宝工匠等手艺人，他们很少想着把自己的生意如何做大、如何上市融资、如

---

① 王光庆：《由瑞士制造对工匠精神的思考——代中组部第五期中瑞项目甘肃子项目"第二期兰白科技创新改革试验区科技金融人才培训项目"学习报告》，《天水行政学院学报》2017年第2期。

何多开几家店赚更多的钱，而是专注于自己的手艺是否精湛、如何把自己的手艺传承给自己的子孙后代，让他们把手艺一直传下去，让自己的店、自己的品牌可以流芳百世。这是瑞士工匠的普遍想法，守住自己的匠心，不浮躁、不取巧，专注于不断提高自己的技艺。

说到瑞士工匠，就不得不提瑞士钟表，瑞士钟表堪称瑞士制造的代名词。钟表行业属于精密型手工业，精密的操作极其考验操作工人的心境。瑞士有名的钟表品牌大多是上百年的老店，有些甚至已经成为世界钟表领域的一线品牌。百年品牌的延续，不仅是技艺技能的传承，更是匠人们工匠精神的传承。在日内瓦，很多钟表厂的老工匠们一干就是几十年，还有一些家族作坊，是一个家族好几代人传承下来的，他们脑子里想的不是怎么赚钱，而是如何把这份手艺传承下去，不论周遭环境如何变化，他们仍然坚守着最初的一颗匠心。20世纪70年代，日本人推出石英表，因价格低廉、设计精美而迅速抢占钟表市场，给瑞士的钟表行业带来了很大的冲击。瑞士的传统机械表经历了前所未有的"石英危机"，瑞士钟表的出口量从8000多万块跌至3000多万块，近一半的钟表企业倒闭，十多万名钟表工匠失业。当时，有很多人认为，瑞士钟表，尤其是瑞士机械表的时代要过去了。然而，瑞士的钟表工匠们并没有向市场妥协，而是专注于创新升级，始终坚持制作手工机械表，重新调整定位，退出低端市场，瞄准高端市场。在经历了二十多年的执着坚守后，瑞士钟表不仅渡过了低谷，还迎来了空前的繁荣。

2. "没有最好，只有更好"的精益求精

瑞士的工匠注重开拓创新，开拓创新与执着坚守并不矛盾，这是精益求精的必然结果。每个人都有自己的工作态度，瑞士工匠的工作态度就是以高度的责任心专注认真地做好每一件平凡的小事，正是这种平凡的态度，成就了瑞士制造的不平凡。在瑞士工匠的眼里，没有最好，只有更好。这绝不是一句空洞的口号，而是几代瑞士工匠身体力行的信条。他们为了追求产品的极致化体验，在提升技艺、打磨产品的道路上不断创新、勇敢前行。

1582年，意大利教皇格里高利十三世推行现代历法改革，将平

年、闰年的规律更改为现行的公历,即"四年一闰、百年不闰、四百年再闰"。善于思考、追求极致的瑞士钟表工匠开始给自己"出难题",他们尝试着开发具备万年历功能的机械表。1615年,日内瓦的钟表工匠成功地制作出了世界上第一块具有万年历功能的钟表。

由于机械表擒纵系统中的游丝会受到松紧度等因素的影响,摆轮的摆动也会受到地心引力的影响,所以容易出现误差。追求极致的瑞士工匠无法容忍机械表的这一不足,瑞士钟表大师路易·宝玑先生在1795年发明了一种精巧绝伦的钟表调整装置——陀飞轮。这是一项伟大的发明,它由72个极为精细的零件组成,其中大部分零件都需要手工制作,其质量不超过0.3克,轻若鸿毛,但对机械表行业的贡献却重如泰山,它能够最大限度地使机械表的摆轮摆脱地心引力的影响,提高走时精准度[1]。如今,陀飞轮表代表着机械表制造工艺中的最高水平,被誉为"表中之王"。

瑞士工匠一直奉行"没有最好,只有更好"的信条,不断地升级创新钟表技术,丰富钟表的功能,陀飞轮、万年历、月相、两地时、升级版的陀飞轮等极其复杂的工艺,充分展现了瑞士工匠对于钟表技艺的不断创新和与时俱进。

3. "不容一丝瑕疵"的一丝不苟

瑞士的工匠在制作产品的过程中,严谨精细、一丝不苟,每一道工序都要符合标准,每一个零部件都要精心打磨,容不得半点马虎和一丝瑕疵。

瑞士钟表的制作需要经过1200道工序,有254个零件需要精细打磨,有一位瑞士钟表工匠布克曾经说道:"制表匠的工作烦琐而枯燥,有时一个零件可能要花上一整天的时间来打磨。"钟表工匠对每一个零件都精心打磨、细心雕琢,对每一道工序都极具耐心、追求完美,仿佛要把每一件作品都制成传世精品。

---

[1] 王光华:《由瑞士制造对工匠精神的思考——代中组部第五期中瑞项目甘肃子项目"第二期兰白科技创新改革试验区科技金融人才培训项目"学习报告》,《天水行政学院学报》2017年第2期。

维氏军刀是除瑞士钟表以外瑞士制造的另一个重要符号。在维氏工匠的世界里，一把瑞士军刀的长度必须是 91mm，因为这是口袋能容纳的工具的最佳长度。一款 91mm 长的经典款瑞士军刀，共 8 层，能收纳 22 种工具，由 64 个部分装配而成，它的制作一共需要经过 450 道生产工序。这其中的任何一个环节都是公开的，每一道工序所需要的原材料及其标准都很明确，这是维氏集团一代代的工匠们经过一百多年的摸索而得出的。单说折叠军刀主刀片的生产步骤就有 7 步，每一步完成后都要通过质量检测才能进入下一步，刀片的最终硬度必须达到 56RC（硬度单位）。此外，刀片中所含的碳、铬、钒、钼等金属元素其含量都有明确的百分比标准。折叠军刀的刀片厚度也不允许出现太大的误差，否则会导致刀片无法装进刀把内。维氏生产的其他工具，如锯子、剪刀、螺丝刀、弹簧、开瓶器等的金属硬度各不相同，如果没有达到标准，则产品的功能就会受到影响。

无论是钟表还是军刀，不仅需要工匠具有平和的心态，还要具备追求极致的精神、精益求精的精神和不容一丝瑕疵的敬业精神，这些正是瑞士品牌百年不衰的原因之一。

（三）钟表王国屹立不倒的启示

1. 营造专注专业的社会环境

工匠是一种职业，当人们选择从事某种职业时，其主要考虑的因素应该是这个职业的待遇、发展空间和人生价值的实现。因此，培育大国工匠，除了关注精神层面，职业的收入状况、晋升制度、社会保障等也是重点考虑因素。在瑞士，一名 25 岁左右的非熟练工人的年薪为 31700～37000 瑞士法郎（折合人民币约为 22.9 万～26.8 万元），一名拥有 10 年工龄的熟练工人的年薪为 44900～56100 瑞士法郎（折合人民币约为 32.5 万～40.6 万元）。良好的经济收入是瑞士工匠能如此专注于自己技艺的原因之一。只有关注每一位工人的工作和生活，为他们创造良好的工作环境和生活条件，解决他们的后顾之忧，才能使他们更安心、更专注地对待工作。同时，要让每一种职业都有人生出彩的机会，给予行业内的优秀工匠表彰与宣传，让其感受实现自身价值的成就感，让年轻的工匠有更强的行业认同感和从业荣誉感。要使优秀的工匠在政治上有待遇、在社会上有地位、在经济上有能力、在职业上有保障，为各行各业的劳动者营造专注专业的社会环境[①]。

2. 树立尊重劳动的价值取向

工匠精神的养成必须有与之相适应的价值观念和文化氛围，瑞士也不例外，其工匠精神的养成与其社会的价值观念和文化氛围是分不开的，主要体现在四个崇尚上。一是崇尚劳动，要尊重生产一线的劳动者及其劳动，这一点最基本，也最必要；二是崇尚技能，要让技能人才有较高的社会地位、较好的收入和发展空间；三是崇尚创新，在执着坚守的同时进行创新，只有创新，才能有源源不断的发展动力，创新是工匠精神的关键；四是崇尚"十年磨一剑"的理念，互联网的发展让越来越多的人变得浮躁，然而，高水准的产品和高质量的服务是需要时间来沉淀的，要引导人们摆脱"短平快"的思想，戒骄戒躁，树立专注专业、专注技艺、踏实兴业的理念。

3. 完善现代职业教育体系

职业教育与培养工匠有着密不可分的关系。我国拥有世界上规模最大的职业教育体系，但由于种种方面的原因，我国的职业教育并没有得到很好的发展。职业院校更多的是学生中考、高考失利后的无奈之选，并非自主选择，更谈不上个人爱好了，因此，学生对于职业教育普遍缺乏自我认同感。反观瑞士，其教育的特点是：初中教育普及；高中比重小，职业学校比重大；大学教学质量高。瑞士的初中生在完成义务教育后，有30%的学生选择到普通高中就读，并准备上大学；有5%的学生进入实科高中，可以做升学和就业两手准备；有65%的学生选择进入职业学校学习，而这些人中又有90%

[①] 王光庆：《从"瑞士制造"谈"中国工匠"的培育》，《甘肃日报》2017年3月8日第9版。

以上的学生将在毕业后直接就业[①]。瑞士还设立了"十年级",以便那些完成义务教育后仍不能决定自己去向的学生到就近的普通中学或职业学校试读,待其适应后再作出选择。由此可见,瑞士能够从体制和机制上对职业教育进行改革,建立多元机制提升职业教育办学质量,完善现代职业教育体系,多渠道提升职业教育整体水平。

4. 落实严格的企业失德惩罚机制

瑞士人遵守企业道德,他们将产品的质量看得非常重。在瑞士,往往有许多专注于某个领域或某个产品的"小公司",或者花费大量时间专注于出精品的"慢公司",但极少出现"差公司",更别提"假公司"了。这一良好现象的形成,有政府的法律威慑、行业组织的老规矩限制、企业的文化引导、民族的精神影响及个人的道德约束等多方面的原因,因此,工匠精神的形成也离不开这些方面的影响。客观事实决定主观意识,在这些影响因素中,最客观的是政府的法律威慑,政府通过有效的法律法规对企业失德、失信等采取零容忍的态度,使生产制造高质量产品成为企业的普遍选择。同时,政府加强对国家强制性标准执行情况的监督检查,加大对制作、销售假冒伪劣产品的打击力度,加强行业协会、商会制度建设,引导企业专注产品质量并注重工匠精神的培育。

 三、日本的工匠精神及传承

(一)日本工匠精神的形成要素

1. 匠人文化

匠人文化是日本的传统文化,在日文中,"匠人"的写法是"职

---

① 谭湘:《"双元"目标导引下的高职人才培养模式研究》,《广东青年干部学院学报》2011年第3期。

人",故"匠人文化"也称"职人文化",与之类似,日本的工匠精神也被称为"匠人精神"或"职人精神"。日本向来尊崇工匠,所以在社会的各行各业中涌现出了大量优秀的匠人。日本工匠认为,手艺的熟练程度、作品的质量关乎自身的人格和尊严。这份近乎自负的自尊心,促使日本工匠对自己的技艺要求甚为苛刻,他们在工作过程中总是不厌其烦、追求极致。日本的匠人精神体现了日本的造物文化,日本匠人是指在某个领域或某个产品制造方面具有精湛技艺和丰富经验的手工业者,因此,匠人慢慢地被引申为"在造物方面优秀的职人"①。所以,日本匠人又被尊称为大工、名家。日本的匠人文化可以用一个日本人自造的成语来诠释——"一所悬命",意思是一生从一而终地尽力去做某一件事。这一文化理念深入日本人的骨髓,成为日本人的常识性理念。

2. 哲学思维

日本著名儒学家冈田武彦先生在他的著作中是这样论述的,他认为日本的文化是一种崇物文化,他还总结出"简素"和"崇物"这两个日本文化的特质。例如,日本陶艺中蕴含的自然、质朴和淡雅就很好地体现了"简素"思想。在日本人看来,"物"并非单纯的物质,无论是生物还是非生物,都具有灵魂和情感。人若无物,便不复存在,因此,日本人对于"物"是充满崇敬和感激之情的。这种崇物的理念融入日本人的血液,也渗透到了日本人的生活当中。例如,在日本的城市里到处可见个性化的设计,餐馆不起眼的园林小品、街市中的小栅栏、住宅区里的小围墙等,这些看似不起眼的设计,体现着一个国家、一个社会的文化精神,可以说,日本的工匠精神根植于"简素"与"崇物"的文化厚土中。

3. 宗教信仰

自古以来,日本盛行泛神论,神佛信仰根植人心。在日本人的意识里,天皇是日本祖先神的代表,因此,天皇一族受到日本百姓

---

① 张桂萍:《技进乎道》,硕士学位论文,深圳大学高等教育研究所,2018,第68页。

的顶礼膜拜。在日本人眼里,他们的职业不仅是自己谋生的手段,更是"神赐之业",他们怀着虔诚的信仰做好自己的本职工作,是对神明、祖先和天皇感恩、尽忠的一种形式。这种"神业观念"是日本工匠文化的特色,它从精神层面使日本人敬业、爱业,是日本工匠精神萌芽的重要因素。

在日本人眼里,神佛是有形的、可见的,反之,有形的、可见的东西也是有神性和佛性的。因此,日本人对"物"是怀有崇敬和敬畏之心的,日本工匠秉承的最重要的思想就是要造物到极致,使物与人的灵魂相通,也就是赋予物以灵魂,赋予设计以灵魂。这也是日本工匠精神形成的重要基础。

(二)日本工匠精神的特点

据相关调查显示,截至2017年,日本企业寿命超过100年的有30000多家,超过200年的有3000多家,超过500年的有30多家,超过1000年的有7家,占全球长寿企业的56%,居世界之最。是什么样的精神能让如此多的日本企业延续百年甚至千年呢?这一问题值得全球企业深思。

1. 活干不好,丢人

日本工匠挂在嘴边的一句话是:"活干不好,丢人。"假如主家的木料质量不佳,木匠就会拒绝为其工作,因为"传出去这活儿是我做的,我没脸见人"。日本的工匠认为,工作做得好不好关乎人格与尊严,这既是对自己手艺的尊重,又是对自己工作的热爱。日本有一家寿命很长的企业——株式会社金刚组,主要承建佛舍寺庙等宗教建筑,距今已有1400多年的历史。它的第40代当家人金刚正和曾说过:"等到两三百年以后,把这些建筑物拆开的时候,人家负责拆房子的木匠会想起我们这些匠人来的。他们会感叹说,瞧这活儿,干得真棒!"从这段话可以看出金刚组的企业信念:热爱自己的工作;坚守本职工作并探寻其精髓,以求达到更高境界;提供高品质的产品与服务,让产品的寿命比自己的寿命长;祈盼后人看到并认可自己的匠心、匠技。日本工匠精神的一大特色是：他们认为，工作不仅是赚钱的手段，更是对神佛的敬意，要秉持执着专注的工作态度，对自己所做的事或所生产的产品精益求精、精雕细琢。在众多的日本企业中，"工匠精神"已经成为一种文化与思想上的共同价值观，这种价值观孕育出企业的内生动力。

2. 一生专注于做一件事

在日本，很多工匠花费一生的时间专注于做一件事，很多企业做一件事能够坚持上百年。不厌其烦、追求极致地做好一件事，是日本工匠精神的一大特点。日本有一个工匠叫作冈野信雄，他一生只做一件事：修复旧书。对于这件常人看来枯燥无味的事，他却乐此不疲。数十年的坚持造就了他高超的修复技术，任何严重污损的书，他都能修复如新，令人叹为观止。日本有一家叫作哈德洛克工业株式会社的公司专门生产螺母，公司员工仅有45人，他们的订单却来自全世界，因为哈德洛克是全世界唯一一家能生产出绝不松动的螺母的生产商，同行即使得到图纸也无法模仿其产品。在日本，像冈野信雄这样的人、像哈德洛克这样的企业到处可见，他们一生只专注于做好一件事，将这件事做到极致，做到无人可以取代。

3. 深植"一流之根"

日本有一位优秀的木匠，名叫秋山利辉，他认为，作为资源不多的岛国之所以能繁荣至今，是因为日本人特有的精神，技术可以被超越，但精神很难被模仿。他致力于将日本人特有的精神一代代地传承下去，为此，他创立了"秋山木工"，这是一家专门手工制作一流家具的企业，也是一所培养一流工匠的职业学校。这家仅有34人的企业，年销售额却高达11亿日元，同时，还被誉为日本最具有匠人精神的学校。秋山通过"八年寄宿制"的工学结合培养模式，为到秋山木工学习的年轻人深植"一流之根"，第一年学习见习课程，主要是基本习惯和理论；接下来是为期四年的学徒阶段；学徒期满，技术和心性达到一定程度后，才能被秋山认定为"工匠"，开始三年的工匠学习期，边工作边学习。经历一年学员、四年学徒和三年工匠的学习和磨炼，八年后才能自立，成为一名合格的工匠[①]。日本还存在很多像秋山利辉一样的优秀工匠，用自己的方式向年轻一辈传递工匠精神，让"一流之根"一代代地传承下去。

（三）日本工匠精神的当代传承

1. 日本工匠精神传承的载体——工匠阶级的发展

日本的文化孕育了其工匠精神，但日本工匠精神诞生和发展的关键因素是其近代的工业化发展。工业化发展促进了社会和经济的快速发展，从而使工匠阶级发展壮大，工匠阶级的发展又为日本工匠精神的传承提供了坚实的载体。日本江户时代（又称德川时代）社会稳定、经济繁荣，各行各业慢慢发展起来，町人阶层逐渐成为城市居民的代表阶层，町人大多是商人，还有一部分是工匠或从事手工业的人。在日本近世，社会阶层等级分明，从高到低依次为将军、大名（控制着大量的土地，手下聚集着自己的武士）、武士、农民、手工业者（包括铁匠、陶工、木匠等各种工匠）和商人。武士阶层将手工业者和商人阶层统称为町人阶级，但日本官方的正统理学观念还是对这两个阶层做了明确的划分。这就说明，日本社会认可手工业者对社会所做的贡献，他们是城市建设、物质生产等社会运转过程中的重要力量。

随着日本社会与经济的发展，日本的工匠阶级得到了较好的发展与壮大，其在经济发展中的作用也日益突显。明治维新时期，日本大力发展资本主义以实现工业化，通过引进国外的先进技术来促进本国的经济发展，与此同时，西方的先进思想也涌入日本，与日本传统的职业观念相融合，日本年轻一代工匠在努力工作、认真实践的同时，还要为实现工业化而奋斗。他们一方面通过各种渠道学习西方的先进知识，另一方面在传统匠人那里当学徒学习技艺，这

[①] 邵勇、滕少锋、荣国丞：《进一步认识工匠精神的三个参照》，《职业技术教育》2016年第30期。

一时期涌现了一大批技术人才和杰出工匠。日本在短短三年间工业生产增长了近6倍，超过农业成为主导产业，日本工匠无论从数量上还是质量上都有了很大的进步[①]。日本著名经济评论家内桥克人先生曾这样评价："日本的现代产业发展是日本匠人们干出来的，匠人在工业化进程中起着举足轻重的作用。"

如今，日本匠人已经泛化为各行各业的职业人，行业内对其最高的称谓是"巨匠"，在日本人看来，"巨匠"无论从事哪种职业，都能够在本职工作中做到勤恳细致、敬业专注、尽善尽美。正是这种精神促进了日本经济的发展，也造就了日本企业的长盛不衰。

2. 日本工匠精神传承模式之家庭培养

日本是世界上拥有长寿企业最多的国家，其中大多数长寿企业都是家族企业。在日本的工匠精神传承过程中，"家"是不容忽视的存在。在日本，受宗教信仰的影响，"家"和"业"都是神圣的存在，当"家"和"业"相连形成"家业"，"家"成为"业"的永续载体后，"家"则变得更为神圣，"家业"则被日本人认为是"天赐神业"。这就是日本人对"家"和"家业"最本质的观念，也是日本人赋予"家"和"家业"的深刻内涵。

在中国，"家业"的传承模式是"子承父业"，特别强调血缘关系，并且存在"传男不传女""传媳不传婿"等诸多规矩，这种传承模式很容易导致传统技艺的中断甚至消亡。但是在日本，"家业"的传承又是另一番景象。日本有收养直系家族子女、非血缘养子、婿养子等习俗，这使日本的"家"超越了血缘的限制，"家业"成为永续的经营体。日本家族工匠技艺的传承是以贤为主的，接班人一般从5岁开始接受培养，从小耳濡目染并且亲身实践，且接班人的选择范围较大，其素质和能力就得到了保证。日本很多家族企业都传承了几百年之久，这种超越血缘限制的"家业"传承模式为培育工匠精神提供了最根本的支撑，并且这种模式得到了社会的认可与发扬。

---

① 张桂萍：《技进乎道》，硕士学位论文，深圳大学高等教育研究所，2018，第75页。

3. 日本工匠精神传承模式之社会培养

除了家族传承模式，日本还有一种非常重要的工匠精神传承模式——社会培养模式，也就是职业教育培养模式。日本的职业教育体系由三大部分构成，即学校系统下的职业教育、企业系统下的职业教育和社会保障系统下的终身教育[1]。无论哪一种职业教育，其定位都是一样的，即满足国家发展的需求，培养不同层次的高质量专业技术人才。

20 世纪初，日本进入工业化进程关键期，需要大量技术技能人才，当时日本的职业教育以学校教育为主，设有实业学校、实业实习学校、徒弟学校、专修学校、实业专科学校等，职业学校达到 500 多所，在校生达到 75000 人，为日本工业的崛起提供了技术人才支撑[2]。到了 20 世纪 80 年代，日本制定"技术立国"的经济发展新战略，职业教育适时调整，不断增强办学的灵活性，专业设置更加多元化，课程设置更具实践性和针对性，为社会发展提供了大量的专门人才。日本的职业教育是贯穿整个教育体系的，日本的小学和初中都开设相关课程，让学生从小了解职业理念和职业技能；高中则进行分流，分为普通高中、职业高中和综合高中；大学也有职业教育和短期大学，由此可以看出，日本的职业教育是比较系统的。

为了对接市场需求，日本的学校在专业、课程、教学管理模式等方面都与企业深度对接，从而极大地保证了职业教育的质量，促进了工匠精神的培育。同时，学生在校企合作的过程中，通过接触企业的先进技术和企业文化，能够提高其对企业的认同感、归属感和忠诚度。日本企业系统下的职业教育实行终身教育体制。在日本企业看来，企业员工的学习能力是企业长期发展的内在动力。此外，日本企业实行的人力资源管理制度是独具特色的"终身雇佣制"，这种稳固的雇佣关系能够激发企业员工对工作的热情与积极性，激发

---

[1] 顾红、徐觉元：《日本职业技术教育体系研究及借鉴》，《天津中德职业技术学院学报》2015 年第 5 期。

[2] 张桂萍：《技进乎道》，硕士学位论文，深圳大学高等教育研究所，2018，第 78 页。

其对企业的认同感与忠诚度。实践证明，终身雇佣制对于日本工匠精神的培育及日本企业成为长寿企业，确实起到了至关重要的作用。

四、美国的工匠精神及传承

在美国人看来，工匠与财富的创造是紧密相关的，工匠精神是美国快速发展的重要动力。"工匠"这一群体在美国是极具影响力的群体，美国的开国元勋很多都以"工匠"的身份为人们所铭记。美国工匠不仅推动了美国经济的发展，而且也丰富和发展了美国的文化[①]。

（一）美国工匠精神的发展史

美国于1776年建国，历经两百多年的发展，在经济、文化、工业等领域都处于全世界的领先地位，成为世界超级大国。究其根源，可以发现本杰明·富兰克林、乔治·华盛顿、托马斯·杰斐逊等开国元勋都曾以"工匠"的身份改变着美国，甚至改变着整个世界。

本杰明·富兰克林是美国开国三杰之一，是美国著名的政治家、发明家、物理学家，同时也被称为美国的第一位工匠。他发明了避雷针、摇椅、玻璃琴、老人双焦距眼镜，提出了电荷守恒定律，改进了路灯，改良了壁炉……他在电学、热学、光学、数学等领域都有着重大贡献。乔治·华盛顿是美国的第一位总统，也是一位对生活充满激情、极富创造力的人。他把自己当作一名农夫，美国教育家这样评价他，"他永远在留意更好的方法，为了发现最好的肥料、最好的避免作物病虫害的方式、最好的培育方法，他愿意倾其所有，他曾说过，他不愿意沿着父辈们走出的道路前行"。[②] 他被称为"美国最先开展农

[①] 李霞：《对美国职业教育"工匠精神"的审视和借鉴》，《河北软件职业技术学院学报》2018年第3期。

[②] 祝智庭、雒亮、朱思奇：《创客教育：驶向创新教育彼岸的破冰船》，《创新人才教育》2016年第1期。

场实验的农业工作者之一"。在那个生产和生活极为不便利的时代，以他们为代表的美国工匠们热爱探索，通过博学和好奇心去洞察生活中许多事物的精妙之处。他们开放的思维、敏锐的眼光、强大的实践能力和改变生活、改变世界的勇气是值得后人学习的。

从他们身上可以看到，在美国建立初期，工匠精神更多的是一种思维方式的体现，是对生活的热爱和对高品质生活的追求，工匠们通过不断尝试来改善生活环境、改变生活方式。

随后，美国的机械化工厂、高速公路和通信网络大规模铺开，生产力得到飞速发展。在这样的大环境下，孕育了一位伟大的发明家——托马斯·阿尔瓦·爱迪生，他怀着一颗好奇的心和超越常人的无穷精力，持之以恒、专心致志地发明创造，在留声机、电灯、电话、电报、电影等方面贡献了无数发明，轰动全世界，其在矿业、建筑业、工业等领域的发明和真知灼见也为美国乃至全世界作出了巨大的贡献。

电灯并不是由爱迪生一个人发明的，而是由一群人的多个发明组合而成的，这群人就是美国历史上第一个真正意义上的合作团队，它让美国告别了工匠"单打独斗"的时代，同时完善了工匠模式，开启了一个全新的工匠精神培育和发展的时代。

（二）美国工匠精神的内涵

美国当代最著名的发明家迪恩·卡门曾这样描述工匠："工匠的本质，是收集改装可利用的技术来解决问题或创造解决问题的方法，从而创造财富，并不仅仅是这个国家的一部分，更是让这个国家生生不息的源泉。简单来说，任何人只要有好点子且有时间去努力实现，就可以被称为工匠。"由此可以看出，美国工匠精神的内涵是开拓创新、实用主义和职业品质。

1. 开拓创新

开拓创新是美国成为强国的资本，也是美国工匠精神的根基。美国人崇尚自由，思想不固化且执着于探索新生事物，乐于用狂热的想法去尝试各种可能性。

根据有关数据显示，美国、德国、日本在制造业创新方面全球领先，这三个国家在制造业发展的人才培养、创新政策、基础设施建设及法律监管等驱动因素方面具有明显的竞争优势。迪恩·卡门曾经这样自豪地表述美国的创新能力："我们是制造汽车的第一人；当汽车成功地成为商品时，我们又开始制造飞机；当飞机成功地成为商品时，我们又开始制造计算机；当计算机成功地成为商品时，我们又开始制造软件；然后，我们开创了蛋白组学和基因组学。"他认为，美国一直引领着世界进行科技创新，是一个创造财富的伟大国家。

2. 实用主义

美国人本能地热衷于实物的创造，并愿意为之付出漫长的时间去努力实践。实用主义是美国工匠精神的重要内涵，它是由美国的基本国情和本土文化衍生出来的一种本土精神，在其历史发展过程中深深地融入了美国人民的血液，成为美国工匠的思维惯性。从建国初期为改善生产和生活所做的创新实践，到当代为应对金融危机、重新恢复生产活力而制定的"先进制造业国家战略"，无不体现了美国工匠精神的实用主义。

3. 职业品质

如果说美国工匠精神中的开拓创新是从无到有的，那么其职业品质则是从有到优、从优到精的。美国工匠不仅具备丰富的创造力和极强的实践能力，还具备精益求精、耐心坚守等优秀的职业品质，正是以这些优秀的职业品质为基础，美国的创新发展之路才有质量保障，才能顺利成为世界上首屈一指的工业强国。

（三）美国工匠精神的传承保障

1. 丰富多元的职业教育教学模式

美国是世界上较早开展职业人才培养的国家，曾设立"文实"

学校，专门进行实用知识和技能的传授。美国政府于1984年颁布职业教育的纲领性文件《帕金斯职业教育法案》，并先后三次修订此法案，由此体现了美国政府对职业教育培养工匠人才的重视。经过不断的摸索与实践，美国的职业教育教学模式百花齐放。20世纪早期，美国辛辛那提大学首次推出"校企合作"的职业教育教学模式，即由学校和企业共同培养学生，学生在学校学习理论知识与在企业学习技能知识的时间各占一半，实行交替式教学模式。随后出现的并行式、双重制等教学模式都是由这种"校企合作"的教学模式衍生而来的。20世纪70年代中期，美国出现了一种比较成功的教育合作模式——企业与学校合作的契约模式。这种模式开创性地在学校和企业之间建立一种互利共赢的契约关系，这种教学教研开发与职业技能培训结合的教学模式，让学生提前了解就业前景及岗位需求，有利于学生综合能力的培养。能力本位教学模式也是美国一种典型的职业教育教学模式，它根据学生的情况实行个性化教学，课程的开设遵从从易到难的规律，易于学生接受。这种教学模式强调学生的主观能动性，由学生自主制订学习计划，随时进行职业能力考核，各科成绩合格即可毕业，这种教学模式使学生的学习质量得以保障。丰富多元的职业教育教学模式，为美国工匠精神的培育提供了充足的养分，使其得以不断发展。

2. 有利于工匠精神传承的社会经济环境

工匠精神的产生与传承离不开良好的社会经济环境，与德国、瑞士和日本等其他制造业强国一样，美国工匠精神的产生与传承也得益于良好的社会经济环境。

于工匠个人而言，工匠拥有良好的收入和较高的社会地位，这不仅能提高工匠的职业认同感和归属感，而且也能让工匠更专注于技艺提升和生产创造，从而有助于工匠精神的产生和传承；于企业而言，良好的经济环境有利于企业建立完善的企业管理制度，给企业带来良好的融资环境，同时企业能够专注于技术革新、产品升级和品牌塑造，为工匠精神的传承提供有利的外部条件。

3. 促进工匠精神传承的行业标准化管理体系

美国发明家伊莱·惠特尼首创了生产分工专业化、产品零部件标准化的生产方式，为提高美国制造业的生产效率和生产质量提供了坚实的保障。美国工匠精神的传承离不开其制造行业标准化的意识和完善的标准化管理体系。

综上，本章比较分析了德国、瑞士、日本、美国等制造业强国在工匠精神培育和传承方面的区别，归纳总结了这些国家在工匠精神培育和传承方面的成功经验，从而有助于我们更理性、更正确地开展工匠精神的培育实践，更好地弘扬大国工匠精神，早日实现我国从制造大国向制造强国的转变。

第五章

职业教育工匠精神培育现状

一、工匠精神培育取得的成绩

（一）弘扬工匠精神已逐步成为全社会的共识

"工匠精神"是历史发展不同阶段匠人在生产制造中的内在精神特质和外在技术表现的凝结，它包含了精雕细琢、精益求精的专业精神，敬业乐业的职业素养，严谨专注的工作品质，追求至善的人文精神。工匠精神是一种职业精神，是一种人文素养，是从业者的职业价值取向与行为表现，是职业能力、职业道德、职业素养的集中体现，是当今社会崇尚的一种时代风尚。从近年来我国各地对工匠精神的宣传报道来看，弘扬工匠精神已逐步成为全社会的共识，主要表现在以下几个方面。

1. 国家层面：培育工匠精神成为新时代发展的需要

随着我国经济发展进入新常态，推进建设制造强国急需一大批高素质的技术技能人才。2015年，中央电视台推出《大国工匠》系列纪录片，讲述了我国8个工匠用8双劳动的手所缔造的制造神话。8位普通劳动者在钳工、捞纸工、殷瓦焊、研磨工、载人潜水器组装等岗位上用灵巧的双手匠心筑梦的故事，让全社会重新忆起被淡忘的工匠群体，重温并见证了弥足珍贵的工匠精神。2016年以来，"工匠精神"得到了国家领导人的高度重视。在当年的全国两会上，李克强总理在政府工作报告中强调，鼓励企业开展个性化定制、柔性化生产，培育精益求精的工匠精神，增品种、提品质、创品牌。2017年，李克强总理在政府工作报告中指出，全面提升质量水平。广泛开展质量提升行动，加强全面质量管理，夯实质量技术基础，强化质量监督，健全优胜劣汰质量竞争机制。质量之魂，存于匠心。要大力弘扬工匠精神，厚植工匠文化，恪尽职业操守，崇尚精益求精，完善激励机制，培育众多"中国工匠"，打造更多享誉世界的"中国品牌"，推动中国经济发展进入质量时代。2018年，李克强总理在政府工作报告中再次强调，全面开展质量提升行动，推进与国际先进水平对标达标，弘扬工匠精神，来一场中国制造的品质革命。习近平总书记同样重视工匠精神，他在十九大报告中强调，建设知识型、技能型、创新型劳动者大军，弘扬劳模精神和工匠精神，营造劳动光荣的社会风尚和精益求精的敬业风气。习近平总书记的十九大报告和李克强总理在政府工作报告中多次提到"工匠精神"，在社会引起了极大的反响，各地区、各部门纷纷出台相关文件，贯彻落实总书记和总理要求，培育"工匠精神"、打造"大国工匠"成为全社会的共同话题。可以说，培育工匠精神已成为新时代发展的需要。

2. 学校层面：培育工匠精神成为职业教育改革的需要

教育部《关于深化职业教育教学改革 全面提高人才培养质量的若干意见》第六款指出，把提高学生职业技能和培养职业精神高度融合。积极探索有效的方式和途径，形成常态化、长效化的职业精神培育机制，重视崇尚劳动、敬业守信、创新务实等精神的培养。充分利用实习实训等环节，增强学生安全意识、纪律意识，培养良好的职业道德。深入挖掘劳动模范和先进工作者、先进人物的典型事迹，教育引导学生牢固树立立足岗位、增强本领、服务群众、奉献社会的职业理想，增强对职业理念、职业责任和职业使命的认识与理解。

当前，我国职业教育整体办学水平虽有显著提高，职业院校学生的专业技能水平与用人单位的需求差距越来越小，但受"能力本位"传统思想的影响，各职业院校过多地考虑企业当下的技术需求，忽视了决定学生可持续发展的职业精神的培养，导致在教育教学过程中，职业精神培养没有很好地融入专业教学、贯穿于人才培养的全过程，制约了工匠精神的培育。在当今社会发展的过程中，工匠精神对各行各业的影响越来越大，故在职业教育人才培养的过程中，职业教育的人才培养目标和人才培养规格应与工匠精神所蕴含的内涵特质、职业价值观和职业道德观等一脉相承。综上，在职业教育人才培养过程中注重工匠精神，既是职业教育适应时代发展需要对人才培养规格的有效完善与调整，也是职业教育自身改革发展的必然要求和提高人才培养质量的必然选择。

3. 学生层面：具备工匠精神已成为学生成长成才的需要

当前，中国正处在由"制造大国"向"制造强国"迈进的关键时期，既需要一大批科技领军人才，也需要数以亿计具有工匠精神的技术技能人才。企业也越来越重视员工的工匠精神，在人才招聘过程中加大了对学生工匠素养的考察力度，把是否具备耐心、专注、严谨、一丝不苟、精益求精等品质，作为选人的重要标准。以航空产业为例，当前我国航空产业正处于蓬勃发展的阶段，军用航空、民用航空、通用航空产业表现出强劲的发展势头，但中国的大飞机、航空发动机等与国外相比差距很大，这其中不仅有技术、材料等方面的问题，还有工艺、装配等方面的问题。要推动我国航空产业发展，就需要培养具有工匠精神的技术技能人才，就需要我们职业院校研究培养知识型、技能型和创新型的高技能航空人才的课程体系和教学模式。航空类院校和专业必须紧跟航空产业快速发展的步伐，积极推进校企合作、产教融合，不断进行课程改革和教学模式创新，努力提升专业内涵建设水平，培养更多的知识型、技能型、创新型的航空工匠，为中国由航空大国向航空强国迈进提供强有力的人才支撑。

从企业的需求来看，当前特别需要大量具有工匠精神的技术技能人才，特别希望职业院校在教学过程中大力培育工匠精神。近年来，我国职业院校纷纷加大对工匠精神的宣传力度，将工匠精神培育与专业教学有机融合，营造大力弘扬工匠精神的良好氛围，同时又请企业人力资源部门负责人给学生介绍企业用人方向，突出工匠精神在企业选人用人中的作用，让学生充分认识工匠精神对于自己成长成才的重要性，促进学生未来职业生涯的发展。

（二）培养工匠人才已成为职业院校的使命

培养什么人、怎样培养人、为谁培养人，是教育工作的根本问题，立德树人是教育工作的根本任务。高等教育肩负着培养德智体美劳全面发展的社会主义事业建设者和接班人的重要任务。对于职业院校而言，培养具有爱岗敬业、严谨专注、精益求精的工匠精神的工匠人才就是其立德树人的核心内容。培养工匠人才需要职业院校强化学生思想政治教育，改革人才培养模式，加强师资队伍建设，建设对接生产的实训教学现场。近年来，各职业院校纷纷加大对工匠精神的宣传力度，把培育工匠精神和培养工匠人才作为学校的使命。

1. 搭建产教融合平台

培养工匠人才，基础在学校，关键在企业。职业教育是与社会经济发展联系最为紧密的一种教育类型。培养工匠人才，对于职业院校而言，首先要有促进教育与产业有机融合的途径和渠道。2017年12月，国务院出台了《关于深化产教融合的若干意见》，文件指出，推进职业学校和企业联盟、与行业联合、同园区联结，实践性教学课时不少于总课时的 50%。这既明确了职业院校培养工匠人才的实现途径，也对职业院校培养工匠人才的教学课时作出了具体规定。培养工匠人才要求职业院校搭建产教融合、校企合作的平台。近年来，各职业院校纷纷与行业企业联合，通过组建职教集团、产学研联盟、协同创新中心等，构建校企合作命运共同体，企业与学校共同开发专业人才培养方案和课程体系，合作开发课程，组织教学，把企业生产案例、工艺流程、典型任务引入职业院校教学当中，让学生提前了解企业生产管理情况、岗位任职能力要求，为工匠人才培养奠定了基础。《高等职业教育创新发展行动计划（2015—2018年）》提出，要建设 180 个左右骨干职教集团和 20 个左右连锁型职教集团。以湖南省为例，这期间湖南集团化办学平台不断扩充，省级职教集团达 42 家，加盟合作单位达 2458 家，其中规模企业 2229 家，覆盖了所有在湘的大中型企业。牵头组建了"全国机械装备制造职业交易集团"和"全国职业院校精准扶贫协作联盟"，形成了覆盖全国的机械装备制造业产教融合平台，促进了全国职业教育精准扶贫专业化水准的提升。校企协同使创新活力全面释放，这期间校企共建生产性实训基地设备资产总值达 21.25 亿元，合作企业投入设备值达 2.8 亿元，累计完成校企联合生产技术攻关项目 404 个，联合开展职教科研项目 513 个，为校企双方的发展提供了强有力的智力支持。2018 年，湖南省的职教集团共计培养学生 1551442 人，完成技术服务项目 1728 个，依托职教集团建设二级学院 162 个。职业院校通过搭建产教融合、校企合作平台，形成了稳定互惠的合作机制，培养了具有工匠精神的高素质技术技能人才，促进了教育链、人才链与产业链、创新链的有机衔接，为人才培养供给侧改革和我国经济转型发展提供了有力支撑。

2. 改革人才培养模式

工匠精神需要工匠人才来弘扬、彰显与传承，但工匠人才不是喊出来的，而是需要社会营造适合工匠成长的环境，需要职业院校与企业紧密合作，需要职业院校改革传统的人才培养模式，按照工匠人才成长的规律进行培养和训练。从我国职业教育发展历程来看，高职院校人才培养模式改革的必经之路就是产教融合、校企合作。发达国家的职业教育经验表明，通过职业教育培养生产一线所需要的高素质技术技能人才，必须充分发挥学校和企业的作用，同时充分调动学生的积极性，实现职业教育主体的多元化。多元化的主体要求其培养规格和培养方式等也必须是多元的，因此，工匠人才必须通过校企双主体培养，走校企合作、工学结合的人才培养路径。近年来，职业院校按照产教融合、校企合作、工学结合的职业教育发展路径，紧密对接行业企业，推进教育与产业深度融合，改革人才培养模式。由于工匠人才是一种技能人才，需要经过大量的实践锻炼才能培养出来，因此不能照搬原来普通教育的人才培养模式，必须通过"订单班""现代学徒制""鲁班工坊"等新的人才培养模式来实现。据高职创新发展行动计划绩效报告显示，2018年，全国1349所高职院校都与企业建立了长期稳定的合作关系。以湖南省为例，2018年，全省有61所高职高专院校与100多家企业开展了现代学徒制试点工作，立项省级现代学徒制试点项目53个，现代学徒制试点学生数达到5362人。

从人才培养课程体系来看，培养工匠人才必须打破原来公共基础课、专业基础课、专业实践课的"三段式"课程体系，按照服务企业、对接职业岗位能力的要求，构建"通识能力课程（公共文化课）+专业能力课程+专业技能课程"的课程体系。在满足企业职业岗位要求的基础上，兼顾学生未来职业可持续发展需要，按照"适用为度"的原则，对课程内容进行取舍。具体而言，可以聘请校外行业企业专家、技能大师、能工巧匠与学校专业教师共同开发专业课程内容，将行业企业新工艺、新材料、新技术、新流程等融入课程内容，将企业工作案例、工作任务与项目等嵌入课程模块。如江西制造职业技术学院与省内外企业共同打造了互动共建、互利共赢的合作机制，开设中兴软件、富士康、海信空调等特色班，坚持以岗位技能培养为中心，与合作企业共同探索"产学研训赛"五位一体协同育人的工匠人才培养模式，以教学实训、技能竞赛和创新项目为引领，从实践入手，调动学生的学习兴趣，为培养工匠人才打下了坚实的基础。

从教学内容与教学模式来看，工匠人才培养不是单纯的职业技能培养，还包括职业能力的综合培养，即关键能力的培养，这已成为当前职业教育人才培养的共识。当前，以项目教学、案例教学等为主的行动导向教学法已成为职业教育动手能力培养教学研究的新方向，这种教学法注重学生的参与，强调脑、心、手并用，通过先进的方法和手段，使学生努力寻求获得知识的方法，对工匠人才的培养起到了重要作用。

3. 建设对接生产的实训教学现场

工匠人才通过加工、制造等生产活动体现其存在价值，其最直接的外在表现就是技艺高超、技能精湛。研究表明，实践教学是培养学生职业能力、技术应用能力、创新能力的主要途径。培养工匠人才首先要求职业院校要有相应的实训场地和设备。在手工业时代，每一位工匠都利用自己的专长在各自的家庭作坊进行设计、加工、检验、销售等活动，所以家庭作坊就是其学习、工作、销售的场所。这一时期，工匠人才培养主要通过学徒制来完成，师傅通过口耳相传、手把手地把本行业的从业规矩、从业原则、生产制作要求与禁忌等传授给学徒，使其了解严密规范的行业章程和管理规范。同时，每一位工匠都在自己生产的产品上标记姓名、生产作坊的名称、生产的时间，防止有人仿冒或以次充好，这也表示工匠和作坊对这些产品的生产质量负责，即"物勒工名，以考其诚，工有不当，必行其罪，必究其情"。由此可见，当时家庭作坊集工匠学习、师傅传授、产品制造、质量检测、销售于一体，工匠培养的方式就是"教学做一体"。这种培养方式为我们目前职业院校的工匠人才培养提供了很好的启示，那就是要培养工匠人才，职业院校必须建设"教学做一体"的实训教学场所。就现实情况而言，当前大部分高职院校是从原来的普通中专升格而来的，办学历史不长，办学条件比较薄弱，特别是实践教学条件比较差，实训场地和设备不能满足工匠人才培养的要求。因此，近年来，各职业院校纷纷加强实践教学现场建设，校企共同打造实训教学现场。据高职创新发展行动计划采集数据统计，从2016年到2018年，全国高职院校投入生产性实训基地的建设经费达898788.8万元，共建设生产性实训基地2522个，合作企业达2742家，实习工位达615068个。不少学校与世界500强企业合作，共同建设对接企业的实践教学现场，推进教学现场与生产现场对接。如长沙航空职业技术学院，通过加强实训教学现场管理，建设基于6S的实践教学现场，全面推行星级评价，提升现场管理能力。该校借鉴现代企业先进的管理理念，引入中国质量协会企业生产现场管理星级评价，参照企业生产车间的功能布局，将实训教学现场划分为生产作业区、教学讨论区、作品展示区，全面推行看板管理和可视管理，将实训内容、作业流程、操作规程等看板化、可视化。同时，在实践教学现场全面开展数字化工卡教学，开发了数字化工卡管理系统，针对每个实训项目的每一道工序开发动画、视频等教学资源，随时供学生调阅和学习，实现线上学习与现场训练相结合。在每道工序中设置考核点，通过数字化工卡管理系统，在教师对学生实训情况考核合格后，自动转入下一道工序。教师通过数字化工卡管理系统对学生实训操作要点、操作过程、合格率等情况进行统计和分析，及时对教学任务和内容进行修正和调整。通过数字化工卡管理系统，教师可以实现实训内容指标化、步骤程序化、考核数据化，进一步规范和优化理实一体教学流程。通过数字化工卡教学，还能够培养学生严格按工卡施工、按程序操作的规范意识和质量意识。

4. 推进工匠精神与思政教育和专业教育有机融合

工匠精神的核心是爱岗敬业、严谨专注、精益求精的品质，这些品质的培养不是一蹴而就的，是经年累月受教师、师傅、优秀同事等人的教育、熏陶、感染而形成的。在个体成长受教育的阶段中，学校教育对人的世界观、价值观、人生观影响最大，因此课堂教学与实践训练是培育工匠精神最有效的渠道。近年来，不少职业院校组织教师到职业教育发达国家，如德国、瑞士等学习"双元制"职业教育模式，从中汲取培养工匠人才的先进经验，倡导现代学徒制，开办"鲁班工坊"等，强调课堂教学在培养工匠精神中的主渠道作用，将工匠精神与思政教育与专业教育有机融合。一方面，坚持立德树人，明确将工匠精神纳入高职院校的人才培养目标。品德高尚是对工匠人才的首要要求，高职院校要把学生思政工作摆在首位，压紧压实各部门责任，牢牢把握育人主导权、主动权，扎实做好思政教育的各项工作。各高职院校要大力开展习近平新时代中国特色社会主义思想"天天见""天天新""天天深"系列主题活动，推进习近平新时代中国特色社会主义思想入脑入心，让学生牢固树立社会主义核心价值观。另一方面，构建"大思政"格局，高职院校要形成党委统一领导、党政齐抓共管、各部门单位协同推进的"大思政"工作格局，确保各类课程与思想政治理论课、思想政治工作队伍和专任教师同心同德，打造人人都是德育工作者、处处都是育人环境的良好氛围。当前，在国家大力弘扬工匠精神的背景下，高职院校积极推动思政课程向课程思政转变，让各二级学院党总支书记、辅导员、专任教师都来种好自己的责任田，让每一门课程都融入工匠精神和思政内容，形成各类课程与思想政治理论课同心同向、同向同行、同频共振的协同效应，使学生潜移默化地受其影响，将工匠精神内化于心、外化于行。

（三）适合工匠成长的氛围与环境正逐步形成

在制造业高速发展的新时代，工匠精神有了新的价值意蕴，它不再是个别工匠的个人追求，而是整个产业工人、技术技能人才共同的价值目标。近年来，国家为加快发展现代制造业，推进产业转型发展，高度重视职业教育，注重产业工人和技术技能人才的培养，尤其是具有工匠精神的高素质技术技能人才的培养，积极营造适合工匠成长的氛围与环境。

1. 建立职业院校技能大赛制度

2007年，全国首届职业院校技能大赛在重庆举办；2008年，全国职业院校技能大赛主赛场移师天津，并确定以天津作为全国职业院校技能大赛主赛区，其他省市为分赛区的全国职业院校技能大赛制度。同时，确定每年5月份的第二周为全国职业教育宣传周，在举办包括中职、高职和技工学校在内的职业院校技能大赛的同时，全国各地开展了丰富多彩的职业教育宣传活动。2013年和2017年，教育部分别制定了《全国职业院校技能大赛三年规划（2013—2015年）》和《全国职业院校技能大赛实施规划（2017—2020年）》，从宏观层面明确将职业院校技能大赛作为职业教育改革发展的一项制度设计固定下来。目前，全国职业院校技能大赛已成功举办了12届，每年的技能大赛及伴随的职业教育宣传周已成为全国职业院校的一个重大节日。各省市也相继建立了职业院校技能大赛制度，形成校级、市州、省级和全国四个层次的技能大赛体系。通过分层分级竞赛，遴选优秀选手，组织培训和集训，培养未来的工匠人才，形成了"普通教育有高考，职业院校有大赛"的优秀选手选拔机制。职业院校技能大赛坚持对接专业教学标准，注重专业核心技能，强调适应岗位任职能力，贯彻"以赛促教、以赛促学、以赛促改、以赛促建"的目标，尽可能地扩大专业覆盖面，突出普惠性，通过聘请行业企业专家参与制定大赛规程、命制试题、编制大赛任务书、担任裁判等形式，推动职业院校与企业紧密对接。同时将技能大赛与技能考试、取得技术等级证书和职业资格证书结合起来，让技能大赛成为学生成长成才的重要平台和重要经历，让更多的学生了解大赛、参与大赛，并从大赛中受益。

2. 营造促进工匠成长的社会环境

近年来，国家高度重视以工匠为代表的技术技能人才培养，着力营造促进工匠成长的社会环境。

一是国家领导人高度重视。2014年，在全国职业教育工作会议上，习近平总书记就加快职业教育发展作出重要指示，指出要树立正确人才观，培育和践行社会主义核心价值观，着力提高人才培养质量，弘扬劳动光荣、技能可贵、创造伟大的时代风尚，营造人人皆可成才、人人尽展其才的良好环境，努力培养数以亿计的高素质劳动者和技术技能人才。这不仅阐明了新时代职业教育的使命和职责，为加快发展现代职业教育指明了方向，同时也对职业院校培养工匠人才提出了新的要求。2019年，习近平总书记对我国技能选手在第 45 届世界技能大赛上取得佳绩作出重要指示,要在全社会弘扬精益求精的工匠精神,激励广大青年走技能成才、技能报国之路。李克强总理作出批示指出,技能人才是国家的宝贵资源,是促进产业升级、推动高质量发展的重要支撑。这直接体现了我国对技能人才、工匠人才的重视,也从侧面体现了我国当前对技能人才、工匠人才的强烈渴求。国家领导人的重视推动全社会掀起了重视工匠、崇尚工匠的良好风尚。

二是工匠人才的政治地位和经济待遇不断提高。近年来,国家和各省市纷纷出台提高工匠人才政治地位和经济待遇的相关政策。2019 年,人力资源和社会保障部授予 560 名在第 45 届世界技能大赛全国选拔赛和在 2018 年中国技能大赛中取得优异成绩的选手"全国技术能手"荣誉,并颁发奖章、奖牌和荣誉证书。近年来,国家对世界技能大赛一二三等奖获奖选手与其相应团队给予 30 万元、18 万元、12 万元的重奖,并按有关规定由相应职业资格实施机构为其晋升高级技师(技师)职业资格,或按有关规定由相应职业技能等级认定机构为其晋升高级技师(技师)职业技能等级,极大地激发了广大技术技能人才工作的积极性。江苏、广东等省份还额外给予获奖选手个人 10~50 万元不等的现金奖励。2018 年,江苏省为第 44 届世界技能大赛工业机械装调项目金牌获得者宋彪、烘焙项目金牌获得者蔡叶昭分别记个人一等功,直接认定为副高级专业技术职称,晋升高级技师职业资格,推荐评选为江苏省有突出贡献中青年专家、享受国务院政府特殊津贴人员,并各奖励 50 万元,同时,授予"阿尔伯特维达大奖"获得者宋彪"江苏大工匠"称号,再加奖励 30 万元,授予蔡叶昭"江苏工匠"称号。另外,还授予首届江苏技能大奖获得者王南石等 10 位同志"江苏大工匠"称号,给予每人 10 万元奖励,并直接认定为"江苏特级技能大师",晋升特级技师职业资格,享受省级劳动模范待遇。从这些奖励措施可以看出,工匠人才的政治地位和经济待遇得到了明显提高。

此外,不少省份的省委深化改革领导小组还专门把提升技能人才地位作为改革的重要任务,组织部门还将技能人才队伍建设列入人才工作考核的重要内容,将省级、国家级和世界技能大赛获奖者等优秀高技能人才纳入"人才绿卡"等优惠政策享受范围。

这些措施彰显了技能人才的政治地位与经济待遇，增强了技术工人的获得感、自豪感和荣誉感，激发了技术工人争当大国工匠的积极性、主动性和创造性，激励了广大优秀技术技能人才不断提升技艺、展示才华、为国争光、为经济和社会发展贡献力量的热情，在社会上产生了广泛而深远的影响。

 二、工匠精神培育存在的问题

尽管近年来我国通过大力发展职业教育，加快技术技能人才培养，在全社会倡导"劳动光荣、技能宝贵、创造伟大"的时代新风尚，营造崇尚技能人才、弘扬工匠精神的社会氛围，工匠人才的政治地位较以往有了进一步的提高，待遇有了明显改善，成长环境不断优化，但不可否认仍存在一些问题，主要表现在以下几个方面。

（一）思想认识有偏差，工匠精神被异化

我国是四大文明古国中唯一一个文化保持长期传承的国家，受儒家思想"万般皆下品，唯有读书高"的影响，古人历来崇尚读书入仕做官，强调"书中自有黄金屋、书中自有颜如玉"，使得老百姓都希望通过科举考试改变命运，进入上层社会。古代帝王对工匠常抱着排斥或鄙夷的态度，整个社会不重视技术，轻视匠人，视技术为"奇技淫巧"，导致工匠地位低下。时至今日，几千年的传统观念还一直影响着当下的老百姓，加之过去我们国家对工匠及工匠精神宣传不到位，导致现实生活中不少人将工匠等同于产业工人，尤其等同于传统手工业者；将工匠精神等同于职业精神，认为只要是工匠就一定具备工匠精神，甚至还认为工匠精神就是传统的手工技艺，没有高科技含量，就是慢工出细活；特别是受"庖丁解牛""卖油翁""核舟记"等古代故事的影响，认为工匠精神就是年复一年、日复一日简单的重复性劳动。其实，这些认识都是错误与片面的，没有用发展的眼光来看待工匠及工匠精神。从工匠精神的内涵来看，工匠

精神是职业精神的一部分，是职业精神的高度升华；从工匠人才的外延来看，它既包括传承我国古代手工技艺和非物质文化的匠人，也包括具有高技术水平的现代产业工人。人人都需要具备职业精神，但并非人人都具备工匠精神。长久以来，由于人们的认识存在偏差，将工匠与产业工人（技工）、职业精神与工匠精神混为一谈，导致工匠人才被轻视，工匠精神被异化。

（二）校企深度合作难，培养体系不健全

培养工匠人才是一个系统工程，不仅需要政府层面鼓励与支持，而且需要学校与企业协同培养。培养工匠人才离不开学校，更离不开企业，既需要学校帮学生打牢专业基础知识，掌握专业基本技能，养成良好的职业素养，又需要企业为学生提供工作岗位，满足长期实践的要求。"产教融合、校企合作、工学结合"是职业教育办学的主要途径，也是职业院校培养工匠人才最主要的办学模式。从目前的情况来看，大多数企业对与职业院校进行校企合作兴趣不大，加之企业经营最终是为了逐利，而校企合作需要企业投入较大的资金、设备、人力等成本，目前国家对企业参与校企合作相关责、权、利的规定还不是很明确，相关优惠政策还没有完全落实到位，因此，企业参与校企合作的主动性和积极性还不是很高，校企合作目前基本上是"剃头挑子一头热"。此外，各地经济发展水平不一，职业院校办学主体构成复杂，对职业院校的投入还不能很好地满足职业教育事业发展的要求，像德国等职业教育发达国家那样，企业把校企合作作为社会责任来承担的社会大环境还没有真正形成。目前，工匠人才培养的两个主体——学校与企业仍然处于相对割裂的状态。一方面，学校教育主要集中在专业基础知识、专业基本技能和职业素养教育方面，而企业的工作标准、工艺流程、技术规范等却没有很好地融入专业教学中，因此，学生对于工匠精神的理解只停留在感性认识层面。另一方面，学生在企业进行顶岗实习的过程中，相当一部分企业将学生当作廉价劳动力，在短短的半年实习期内，企业的文化理念、职业素养要求等难以一下子让学生全部掌握并内化

于心；即使学生毕业后进入企业工作，但由于企业经营的逐利性，生产任务重、压力大，虽然很多企业追求品质，但注重的是产品本身，而不是生产制造产品的人，故不能从根本上重视工匠精神培育和工人职业素养的提升。由于产教融合、校企合作还没有真正形成有效的长效机制，工匠培养的体系还不健全，故影响了工匠精神的培育和工匠人才的成长。

（三）课程体系不完善，技能与素养融合难

培养什么人、怎样培养人、为谁培养人，是教育工作的根本问题。我国的职业教育担负着为国家培养高素质技术技能人才的任务，而课程体系是保障人才培养质量与人才培养规格的前提与基础。受过去职业教育"以就业为导向，以服务为宗旨，以能力为目标"办学方向的影响，大多数职业院校片面地认为职业教育就是就业教育，职业教育课程体系的重点就是培养学生的职业技能，提高学生的动手能力。在这种思想观念的影响下，不少职业院校的办学出现了偏差，过分注重专业技能，忽视了学生思想政治教育及学生可持续发展能力培养。有的学校在教学改革过程中大幅压缩人文素养类课程的教学时间，有的学校甚至不开设大学语文、数学、政治、英语、法律等公共课程，重专业知识、轻人文素养，重专业技能、轻职业素养，一味只强调专业知识与动手能力，淡化、弱化有关职业素养等方面的思想政治教育，在很多专业课程中没有融入思想政治教育和工匠精神培育的内容，忽视了对学生思想道德素质与人文素质的培养，导致人才培养技术化、功利化。由于学生在校接受工匠精神教育不够，加之学生毕业后在企业也得不到更多的关于工匠精神的再教育，导致学生对于制造某种产品、操作某种设备所需的职业操作规范、职业素养的重要性缺乏感性认识，无法理解和认同工匠倾注几十年甚至一辈子的心血专心干好一件事的做法。因此，在很多情况下，不少学生包括大多数工人对工作缺乏热情，对任务只是疲于应付，敷衍塞责，没有一种主动钻研、积极创新的工作态度与进取精神。由于目前职业院校课程体系不健全等因素，导致职业技能

与职业素养、职业精神无法有机融合。

（四）文化建设无规划，工匠精神无载体

职业院校是培育工匠精神、培养学生良好职业素养的主渠道与主阵地。校园文化是培育工匠精神、培养学生良好职业素养的重要载体。学生在校学习期间，正是世界观、人生观和价值观形成的重要阶段，因此，学校有必要在这个阶段加强校园文化建设，通过制定校园文化建设规划，推动学院物质文化、精神文化、行为文化、制度文化建设，强化工匠精神培育，帮助学生养成良好的职业素养与职业精神。当前，职业院校对校园文化重视程度还不够，很多学校还没有自己的校园文化建设整体规划，即使有，大多内容趋同，创新少，模仿多，没有自己的特色。大多数职业院校的规划都只是校园基本建设规划，关注的是校园硬件条件建设，重视的是物质文化和制度文化，忽视了校园文化的核心要素——精神文化和行为文化。由于学校没有对校园文化建设进行顶层设计，体现办学特色、专业特点的理念文化和企业文化等没有与校园文化有机融合，没有实现教学情境与未来工作岗位的生产情境有机统一，特别是在专业教学和实践操作过程中，没有很好地结合未来就业岗位，把企业生产要求、工艺规范、工作案例、职业素养、职业精神等融入课堂教学中，导致校园文化没有对学生产生良好的熏陶与感染作用。学生对校园文化的认同感差，就难以让蕴含在校园文化中的工匠精神引导自己成长。

三、工匠人才及工匠精神培育的影响因素

当前，我国正处在经济发展转方式、调结构的关键时期，推动产业发展转型升级，需要大量的高素质技术技能人才。近年来，随着我国高校扩招，高校毕业生人数持续攀高，大学生就业问题成为全社会关注的重大民生问题。但市场上人才供给侧与需求侧之间结构性矛盾长期存在，一方面是大量的毕业生找不到合适的工作，另

一方面是企业不断出现"用工荒"。据2018年第四季度部分城市公共就业服务机构市场供求状况分析可知，市场对具有技术等级和专业技术职称劳动者的用人需求均大于供给，52.7%的市场用人需求对劳动者的技术等级或专业技术职称有明确要求，其中，对技术等级有要求的占33.9%，对专业技术职称有要求的占18.8%。从供求对比来看，各技术等级或者专业技术职称的岗位空缺与求职人数的比率均大于1.7，其中，高级技工、高级工程师、高级技师岗位空缺与求职人数的比率较大，分别为2.39、2.01和2.01。由此可见，高素质技术技能人才短缺的现象将在一段时间内长期存在。这就给我们带来了一些反思：市场上需要如此多的高素质技术技能人才，而我们每年有大量的高校毕业生，为什么还是不能满足市场需求呢？在国家高度重视技术技能人才培养、大力弘扬工匠精神的今天，为什么仍然有大量的学生不愿意投身制造业呢？究其原因，主要有以下几个方面。

（一）核心因素：传统文化根深蒂固

由于我国是一个长期受儒家思想影响的国家，古代儒家思想是社会的主流思想，历代王朝用儒家思想来治理国家，维护封建统治。儒家思想对文人士族的推崇，对匠人艺人商人的轻视，一直影响着古代的社会发展。纵观中国古代历史，从春秋时期齐国管仲所著《管子》将社会分为"士农工商"四大阶层开始，匠人就被贴上了地位低下的标签。《国语·齐语》云："昔圣王之处士也，使就闲燕；处工，就官府；处商，就市井；处农，就田野。"这表明当时统治阶级要求四个阶层不能混居，必须按其职业分类进行群居。作为工匠，必须在官府所属的手工业作坊里工作，失去人身自由，依附于官府，接受官府的剥削和压榨。古代匠人的技艺在当时的统治阶级看来只不过是"奇技淫巧"，是不入流的"小技小道"。由于古代中国"重道轻器"，不重视工匠、不重视科技，导致匠人的地位低下，职业受到歧视。正是由于长期受这种思想与传统文化影响，国人一直存在"劳心者治人，劳力者治于人"的观念，以至于今天不少家长和学生认为投身制造业当技术工人是低人一等，工作不体面。这种传统观念可以说深入国人的骨髓，想在短时间内扭转过来还不太现实。这种状况严重阻碍了工匠人才的成长，导致在社会上难以形成培育工匠精神健康发展的良好环境。

（二）直接原因：就业择业观念陈旧

从工匠成长的经历来看，高职院校毕业生是工匠人才培养的主体，因此，他们的就业择业观念与工匠人才培养有着十分密切的关系。如前文所述，由于受传统观念影响，当前大学毕业生的就业择业观念仍然没有脱离"学而优则仕"的官本位思想。从就业地域来看，大多数学生将北上广深等城市作为就业的首选，据麦可思的调查数据显示，广东、北京、上海、浙江、江苏、福建等省市是大学毕业生净流入率最高的省份。从行业来看，2018届高职高专毕业生就业率最高的专业大类是生化与药品大类，其次是公共事业大类，整个制造业类专业就业比较靠后。近年来，我国经济不断发展，但由于经济处在转型升级阶段，落后产能逐步被淘汰，制造业目前不太景气，产业工人的待遇、工作环境等与很多行业相比还有很大差距，加之目前不少大学生家庭经济状况还不错，父母不希望自己的小孩从事他们印象中比较脏、累、差的技术工种，对子女缺少磨难教育、挫折教育，生怕小孩在外受苦，宁愿收入低一点也不愿小孩到生产一线岗位工作。正是这些陈旧的就业观和择业观，导致工匠人才短缺。

（三）学校原因：工匠精神教育滞后

学校是培养工匠人才、培育工匠精神的主阵地，学校教育是培养学生专业技能、养成良好职业素养的主要途径。由于我国职业教育发展历史还不长，职业院校大多脱胎于普通教育，办学模式也主要参照普通教育，故大多数职业院校的课程体系仍然是学科体系。从教学内容来看，大部分职业院校目前主要是以传授专业基础知识、文化理论知识为主。从教学方法来看，大多数职业院校以讲授法为主，理实一体、项目教学、案例教学、教学做一体等课堂组织形式实施力度还不够，受办学条件影响，相当一部分职业院校还不能完全开展实习实训项目，加之目前职业院校校企合作还不够深入，企业深度参与办学的主体作用还没有得到有效发挥，更谈不上与职业院校共同建设对接生产实际的实践教学现场与教学情境。因此，学生对于企业生产的工艺流程、技术规范、操作要领、团队协作等理解不深，没有直接的感性认识，对于企业文化、质量意识、产品核心竞争力的认知更是一片空白。此外，不少职业院校对职业教育"以就业为导向"的办学宗旨理解有偏差，以为职业教育就是就业教育，过分强调专业技能，把学校的人才培养规格定位在培养学生的专业知识与动手能力上，重技术、轻素养，重专业、轻思想政治教育，忽视了对学生思想道德素质与可持续发展能力的培养，导致职业院校人才培养功利化、技术化。在这种思想的影响下，许多高职院校的思政课、人文素质课、职业素养课被弱化、简化、边缘化，在教学过程中不能及时地把思政教育内容与工匠精神培育有机地融入专业课堂教学中，导致学生在校期间没有受到良好的人文素养熏陶，缺少人文底蕴，不能养成严谨专注、精益求精、团结协作的工匠精神和职业素养。

（四）社会原因：激励保障机制不全

以工匠为代表的高素质技术技能人才是我国人才队伍的重要组成部分，是实现我国从制造大国向制造强国迈进的生力军，对我国经济社会发展和产业转型升级有着重要的作用。建立技术技能人才激励保障机制是推动工匠人才培养与快速发展的有效手段。近年来，我国对于技术技能人才培养的重视程度不断提高，国务院及人力资源和社会保障部相继出台了《国家中长期人才发展规划纲要（2010—2020年）》《国家高技能人才振兴计划实施方案》等一系列统筹推进高技能人才队伍建设的制度文件，各省、市、自治区人民政府也相应地出台了相关政策，进一步加强技能人才队伍建设，培养具有优秀品质和高超技艺的技能人才，引导广大劳动者钻研技术，追求严谨专注、精益求精的工匠精神。但从实际情况来看，促进工匠人才发展的措施还不够完善，相关政策还没有落地。从《国务院办公厅转发人力资源社会保障部财政部关于调整机关事业单位工作人员基本工资标准和增加机关事业单位离休人员离休费三个实施方案的通知》（国办发〔2018〕112号）中事业单位管理人员基本工资与事业单位工人基本工资标准表可以看出，技术工人中最高的级别是技术一级，其岗位工资为2250元，仅比管理人员七级多180元；而技术工人薪级工资最高级40级也只有2232元，比管理人员最高级65级7204元少了4972元，根据该文件，技术工人基本工资最高为2250+2232=4482（元）（不含绩效）。由此可见，技术技能人才与事业单位管理人才的待遇差别很大。虽然这只是事业单位工人的工资标准，对于企业而言，不同企业标准不一，但从中可以看出分配制度的不合理是大学毕业生不愿从事技术技能工作的重要原因。此外，很多地方在对待人才的标准上，没有将技术工人与高学历高职称的专业技术人员一视同仁，反而实行差别对待，技术工人在落户政策、公租房租赁、子女升学、配偶就业等人才绿色政策方面难以享受到位，这也是导致以工匠为代表的技术技能人才与我国经济社会发展不匹配的重要原因。

四、培育工匠人才与工匠精神的建议

经济发展离不开制造业，制造业是国民经济的主体，是立国之本、兴国之器、强国之基。没有强大的制造业，就没有国家和民族的强盛。当前，世界各国都将发展制造业作为经济转型升级、抢占未来竞争制高点的战略任务，把人才作为推动制造业发展的重要支撑。推动我国从制造大国向制造强国转变，实现"中国制造"向"中国智造"跨越，打造中国品牌，既需要面向前沿、从事高科技研究的领军人才，也需要数以亿计的高素质技术技能人才和一大批爱岗敬业、严谨专注、精益求精的工匠人才，将前沿科技成果转化为现实生产力。工匠精神是中华民族优秀传统文化的重要组成部分，是中国古代优秀工匠共有的品质特征，是培养各行各业英雄人物、塑造国家精神的道德基石,是经济新常态下推动我国经济转型升级、促进制造业振兴的强大精神动力。培养工匠人才、弘扬工匠精神,需要政府、学校、社会等多方面共同发力。

(一)政府层面:完善工匠精神培育机制

实现"两个一百年"奋斗目标和中华民族伟大复兴的中国梦,需要数以亿计的高素质劳动者和技术技能人才。弘扬工匠精神,促进工匠人才健康成长,需要从政府层面完善工匠精神培育机制。

1. 建设工匠精神培育的良好文化生态

教育的本质就是育人。从国家层面来看,首先要建设工匠精神培育的良好文化生态,要用社会主义核心价值观来引导人、鼓励人。要充分发掘古代工匠优秀文化资源,丰富当代大学生学习成长资料,让古代工匠的事例感染熏陶学生,让学生对工匠精神有感性认识。因此,各级政府、宣传部门、新闻媒体要大力宣传当代大国工匠的感人故事,要对工匠精神赋予新时代新内涵,发挥当代工匠对新时代的引领示范作用,让全社会都尊重工匠、崇拜工匠,消除对工匠的职业歧视,改善工匠的政治待遇和经济待遇,让工匠过上体面而有尊严的生活。

2. 深化产教融合,推进校企协同育人

产教融合、校企合作是培养工匠人才的有效途径。协同培养工匠人才,既需要学校的努力,也需要行业企业的配合,更需要政府的大力支持。政府作为国家公共事务的组织者、管理者和协调者,在深化产教融合、校企合作方面具有不可推卸的责任。政府要出台鼓励支持产教融合的政策、措施和管理办法,为学校与企业营造校企合作的政策环境,从宏观层面加以引导和推动,为校企合作正常开展提供制度保障。针对当前我国产教融合"合而不融、融而不深、深而不久"的现状,各级政府要统筹构建推进产教融合的长效机制,把产教融合工作纳入政府工作日程,积极开展产教融合试点,研究

校企协同育人规律，总结产教融合过程中出现的问题，及时消除影响职业院校与企业合作的体制机制阻碍，为促进产教深度融合、校企合作协同育人保驾护航。

3. 建立健全工匠精神培育的制度体系

培育工匠精神是一个系统工程，是一项长期而又艰巨的任务，不仅需要有良好的社会文化生态来熏陶，而且需要有一套完整的制度体系来保障。因此，国家要做好制度体系的顶层设计，制定工匠精神培育的中长期规划，明确各级政府、各相关职能部门的工作目标、任务和责任，形成合力，统一推进。要出台鼓励支持工匠人才培养与工匠精神培育的政策措施，加强组织领导、经费投入、评价考核、督查落实等，建立完善的工匠精神培育激励机制、评价机制、考核机制、督查机制，调动各级政府、广大职业院校、行业企业和产业技术工人的积极性、主动性和创造性，形成促进工匠精神培育的良好制度环境与制度体系。

（二）学校层面：改革工匠人才培养体系

职业院校作为技术技能人才培养的摇篮，培养工匠人才、培育工匠精神责无旁贷。

1. 改革人才培养模式，大力推行现代学徒制

培养工匠人才首先要求职业院校改革人才培养模式。工匠人才培养模式与普通技术技能人才培养模式有较大的差别，需要校企紧密结合。从目前来看，现代学徒制、企业新型学徒制是深化产教融合、校企合作，培养工匠人才，传承工匠精神，推动职业教育改革创新的一种最有效的途径。通过"招工即招生、入企即入校、企校双师联合培养"，实现专业设置与生产需求对接、课程内容与职业标准对接、教学环境与职业环境对接、教学过程与生产过程对接，让学生（学徒）从车间直接走进教室，推动工学相互促进。2015年，教育部在全国启动现代学徒制试点工作；2019年，教育部出台了《教

育部办公厅关于全面推进现代学徒制工作的通知》，要求通过现代学徒制，组建一支由行业专家、企业能工巧匠、学校双师型教师融合的教学团队，让名师、能工巧匠对学生进行一对一、手把手的指导，在真实的工作环境、操作规范、工艺流程、管理制度下言传身教。现代学徒制的实施，不仅缓解了当前的就业压力，解决了高技能人才短缺的困境，而且为培养工匠人才打下了坚实的基础。

2. 改革思政教育模式，推动思政课程向课程思政转变

高职院校培育工匠精神，说到底就是开展一种深层次的思想政治教育。这种教育模式不能只靠灌输、说教，而是需要长期潜移默化的熏陶和影响，需要深入了解学生的职业信仰、职业品德、职业心理、职业理想人格等，在充分发挥思想政治课主渠道作用的同时，通过各科教师将思想教育内容有机地融入各门课程教学当中，提高思政教育的针对性和有效性。首先，要把工匠精神培育融入思政课教学当中，使之与社会主义核心价值观、职业道德观和马克思主义劳动观有机地结合起来，帮助职业院校学生树立崇高的职业信念，树立热爱劳动、热爱岗位、崇尚科技、崇尚质量、敬畏生命的职业观，增强对职业的忠诚度。其次，要多开设人文素质课程，通过观看《非凡匠心》《大国工匠》等一系列关于匠人、匠心、匠技的故事影片，把理论融入实践，用故事讲清道理，以道理赢得认同，用悟道替代灌输，培养学生爱岗敬业、严谨专注、精益求精、吃苦耐劳、持之以恒、积极进取、创新创业的工匠精神，提高思政工作的针对性和实效性。最后，要把工匠精神培育融入各门专业课程教学当中，在专业课程教学过程中融入企业岗位要求的职业素养、工作标准、操作规范、团队协作精神等，让学生在接受专业教师指导的同时，也接受工匠精神的教育、熏陶与影响，帮助学生将工匠精神内化于心、外化于行，塑造德技双馨的职业人格。

3. 深化校企合作，共建工匠精神培育的实践教学场所

培育工匠精神离不开企业的支持。当前，国家大力推动产教融合发展，各职业院校要进一步深化校企合作，构建校企命运共同体。企业要深度参与职业院校办学，与职业院校共同制定人才培养方案、开发对接岗位任职能力要求的课程体系，共同建设实践教学场所。要按照中国质量协会《现场管理星级评价办法》，组织企业现场管理专家、工程技术人员、专业教师共同制定实践教学场所建设方案，将企业现场管理的要素（人、机、料、法、环）转化为教师与学生的职业素养、工装设备管理、实训耗材管理、实践教学过程管理、现场环境管理等五大管理领域的考核评价要素，形成适应企业现场管理、符合现代职业教育发展规律、独具工匠精神培育特色的实践教学场所建设方案。同时，参照企业的生产布局，将实践教学场所划分为产品作业区、教学区、作品展示区等，其中，产品作业区按照企业生产作业流程，进一步细分为不同的实训区域，打造教学情境与生产情境相吻合的校内实践教学场所。此外，在教学过程中减少纯理论教学的课时数，增加理实一体、实践教学的课时数，按照企业生产工作流程加大对学生的专业技能训练，帮助学生养成职业习惯，学会团队协作，在潜移默化中塑造工匠精神。

（三）社会层面：营造工匠人才成长氛围

一直以来，我国具有工匠精神的匠人或技术技能工人供给不足，究其原因，我国长期受传统文化中"士农工商"阶级分层思想的影响，工匠处于社会底层，职业受歧视；加之儒家文化"学而优则仕"的思想根深蒂固，老百姓一心只想通过读书参加科举考试"跳龙门"，这导致工匠成长的良好氛围没有形成。基于此，我们需要从以下几个方面努力。

1. 摒弃歧视工匠的陈腐观念

2019年9月29日，习近平总书记在国家勋章和国家荣誉称号颁

授仪式上讲话时强调，崇尚英雄才会产生英雄，争做英雄才能英雄辈出。同样的道理，崇尚工匠才会产生工匠，争做工匠才能工匠辈出。一个国家要大力弘扬工匠精神，首先就必须摒弃歧视工匠的陈腐观念，牢固树立工匠也是人才的时代风尚。"但立直标，终无曲影"，《旧唐书》告诉我们，一个社会要形成崇尚工匠、弘扬工匠精神的良好社会风尚，就必须在全社会树立工匠典型，唤起人们对工匠精神的关注，通过各种形式表彰工匠、慰问工匠，让工匠事迹广为人知，让公众对工匠及工匠精神的认知更为深刻，在全社会唱响礼赞工匠的新旋律，形成争做工匠先锋的新风尚。

2. 提高工匠的政治地位与经济待遇

让工匠人才体面地生活，让工匠成为让人羡慕的职业，这是弘扬工匠精神、培育工匠人才最有效的途径，而这一切必须建立在工匠政治地位高、经济待遇好的基础上。目前，从分配制度来看，技术技能人才整体待遇还不是很高，对于技术技能工人而言，除了政治地位，更在意的是有竞争力的薪酬。因此，要落实中共中央办公厅、国务院办公厅印发的《关于提高技术工人待遇的意见》，提高工匠人才的政治待遇，采取多种方式对高技能领军人才进行表彰和奖励。要制定向高技能人才、工匠和技术技能工人倾斜的薪酬分配制度，鼓励按实际贡献进行绩效分配，鼓励企业设立针对工匠人才的特殊岗位津贴、师带徒津贴等，完善技术工人培养、评价、使用、激励、保障等措施，实现技高者多得、多劳者多得。对于为企业重大工艺难题、技术革新作出突出贡献的工匠人才，要打破学历、工龄等方面的限制，破格晋升其技术等级，形成工匠人才蔚然成风的良好氛围。

3. 保障工匠人才的社会待遇

各级政府和有关部门要加大对工匠人才的宣传、表彰力度，营造"劳动光荣、技能宝贵、创造伟大"的社会风尚，在全国性和地方性的各类评优选好中，为高技能领军人才、劳模、工匠设立单独的指标，定期开展工匠评选、劳模宣讲活动，介绍他们的光荣事迹，树立先进典型，形成常态化、制度化的宣传教育态势。要切实解决工匠人才的后顾之忧，各地要出台关于工匠人才在公租房租赁、子女就读升学、配偶工作、医疗等方面的优惠政策，解决工匠等高技能人才住房、落户等方面的问题，让工匠人才既有较高的政治待遇，又有丰厚的物质条件和体面的生活，使工匠人才的幸福感、获得感不断提升。

第六章

职业教育系统培育工匠精神的学校模式

职业教育是一种特殊的教育类型，在国民教育体系中有着自身的地位和不可替代的作用。学校模式是职业教育的基本办学模式，职业院校是人才培养的主阵地，担负着为产业发展提供人才和智力支撑的重任。新时代职业教育系统培育工匠精神的重点应落在人才培养上。职业院校应树立工匠型人才培养的目标，以职业技能、家国情怀、公民道德、文化传统、职业精神、发展能力为内容，走校企合作、多元参与的路线，将工匠精神培育贯穿于人才培养的全过程。

一、职业教育在工匠精神培育中具有不可替代的作用

（一）职业教育是一种特殊的教育类型

改革开放以来，教育界已经基本形成了"职业教育是一种教育类型"的共识。《国务院关于印发国家职业教育改革实施方案的通知》明确提到，职业教育与普通教育是两种不同的教育类型，具有同等重要地位。同时也指出，改革开放以来，职业教育为我国经济社会发展提供了有力的人才和智力支撑，现代职业教育体系框架全面建成，服务经济社会发展能力和社会吸引力不断增强，具备了基本实现现代化的诸多有利条件和良好工作基础。作为一种特殊的教育类型，而不是高等教育的一个层次，职业教育的内涵和外延是什么，其核心特质又是什么，这些都是值得深入研究的问题。

近年来，国内外已有一批先行学者对此进行了比较深入的研究。姜大源（2008 年）认为，职业教育作为一种区别于普通教育的教育类型有两个标志：一是培养目标的就业导向性；二是基于工作过程系统化的动态课程结构。陈正江（2019 年）认为，跨界性是职业教育的类型特色，包括来源机构的跨界性、组建方式的跨界性、办学运行的跨界性三个方面[①]。李玉静（2019 年）认为，必须结合新时代的经济社会背景及职业教育的动态变化来分析职业教育的类型特征。在新的时代背景下，开放性、灵活性、多元化和个性化是职业教育的核心类型特征。

有欧洲的研究者从认识论、目的论、层次论的角度将职业教育界定为"为社会所需要的中等层次职业开发和应用知识与技能的教育与培训"（Moodie，2008 年）。欧洲职业培训发展中心的研究者认为，以实践知识、隐性知识、个人和情境化知识为特征的缄默知识

---

① 陈正江：《基于跨界特征的高等职业教育类型特色建构》，《职教论坛》2019 年第 3 期。

是职业教育知识体系的核心特征,工作本位学习或情境化教学是职业教育教学实施的本质特征(Cedefop,2017年)。《现代职业教育体系建设规划(2014—2020年)》为我们绘制了现代职业教育体系框架和总体布局图。职业教育体系与普通教育体系、继续教育体系双向沟通、融会贯通,职业教育体系具有自身的层次结构。初等职业教育使学习者获得基本的工作和生活技能;中等职业教育是现代职业教育体系的基础,主要开展基础性的知识、技术和技能教育;高等职业教育是以培养生产、建设、管理、服务第一线的高等应用型专门人才为目标的一种高等教育类型,是职业教育的高层次和一种全新的教育形式,兼具高等性、职业性和教育性特点。本书主要研究高等职业教育在工匠精神培育中的作用。

(二)职业教育在工匠精神培育中的不可替代性

教育既受社会的影响,又受不同社会观的支配,故社会学是教育的理论基础,其中最具代表性的是功能论社会学。功能论社会学的代表人物涂尔干认为,每个社会都由许多不同质的部分组成一个相对持久、相对稳定的结构,社会制度、组织、行为及角色的分配构成了这一结构。社会结构的各个组成部分相互依存、彼此协调,形成一个完整的整体。帕森斯认为,社会是一个生命有机体,社会各系统相互连接[①]。功能论社会学强调社会的稳定、和谐,主张稳中求进,同时认为教育是社会系统中的重要子系统,与经济、政治、文化等子系统之间有着相互依存的关系。职业教育是与经济发展联系最为紧密的一种教育类型,随着时代的发展,职业教育的发展越来越离不开政府和社会在人、财、物、政策、环境等方面的支持,社会经济的发展也越来越离不开职业教育在人才与科技等方面的支撑。职业教育已经成为促进国家经济发展、技术积累与进步、文化传承与创新的必要条件,其对社会的影响力从没有当下这样巨大。

由于职业教育对社会与经济发展的巨大作用,职业教育人才培

---

① 潘洪建等:《课程与教学论基础》,江苏大学出版社,2016,第28-29页。

养的质量与社会服务能力越来越受到重视，由此诞生的以职业能力为中心的职业教育价值取向带有明显的功利主义色彩，甚至产生了"技术主义"导向，将学生当作"工具人"来培养。受"技术主义"的影响，职业教育人才培养以技术教育为核心，着重对学生进行高强度的技术训练，促使学生在短时间内掌握某种特定职业所需的基本技能[1]。这直接导致职业教育人才培养质量中素养的缺失，教育最本真的"人的价值"被忽视。从教育的本质来看，职业教育首先应当是"人的教育"，要为社会培养德智体美劳全面发展的建设者和接班人，这是由我国的教育方针所决定的，也是职业教育的出发点和落脚点。职业技能固然重要，但是职业素养和职业精神的培养也不应被忽视。在关注技能提升的同时，还应该满足人的自身发展，注重人的素质能力、道德品质、文化修养、职业精神的提升，现代职业教育应该是职业技能与职业精神的高度融合。职业精神包括工作中所需要的敬业守信、精益求精、吃苦耐劳、强烈的责任感和荣誉感、良好的职业操守、职业道德等，是人的自由发展、形成行为规范的内在精神。由于职业教育是一种为社会培养人又使人成为真正意义上的人的教育，因而职业教育在工匠精神培育中具有不可替代的重要地位。

（三）职业教育的学校本位办学模式

国际上，根据办学主体、办学目标和学制形式等不同，可以将职业教育的办学模式分为以学校为本位的模式、以企业为本位的模式、以社会为本位的模式和学校—企业综合模式[2]。通常，发展中国家采用以学校为本位的职业教育办学模式，我国是这种办学模式的典型代表。在我国，这种办学模式被认为是正统、正规的，也是最容易被民众广泛接受的。日本则是以企业为本位的职业教育办学模

---

[1] 郑玉清：《现代职业教育的理性选择：职业技能与职业精神的高度融合》，《职教论坛》2015年第5期。

[2] 宋全政：《从职教模式的演变看我国职教发展走向》，《教育研究》1998年第7期。

式的典型代表，德国是学校—企业综合模式的典型代表，美国是以社会为本位的职业教育办学模式的典型代表。与其他几种职业教育办学模式相比，以学校为本位的职业教育办学模式具有以下特点。

一是职能的专一性。学校教育的职能是培养人，因此具有任务的专一性，其他任务都是围绕着培养人来实现的。同时，学校还有专业的教育者和教学设备，从而保证了其职能的实现。二是组织的严密性。学校教育是制度化的教育，学校教育具有严密的组织结构和制度。三是作用的全面性。学校教育是全面培养人的活动，不仅关注学生智力的发展，也关心学生心理的发展，同时还要确保学生思想品德的形成，总而言之，学校教育致力于培养全面发展的人。四是内容的系统性。学校教育特别注重教学内容的连续性和系统性。由此可见，以学校为本位的职业教育办学模式是最适合系统培养人才的办学模式。

当前，我国经济发展进入新常态，由高速增长转向中高速增长，产业发展也进入转型升级阶段。制造业是国民经济的主体，承担着立国、兴国、强国的重任，制造业的转型升级需要一大批的高素质技术技能人才，这批人才不仅要有扎实的技术基础，还要有良好的职业素养。但是，大国工匠的培养是一个长期的过程，既要有系统理论知识的培养，又要有一线工作经历的磨砺，还需要文化潜移默化的熏陶，这就需要将学校教育、企业培训、社会熏陶等结合起来，但最重要的还是学校教育。职业院校的学生大多是青年，这正是一个人形成品格、树立人生理想的关键时期，这个时期所学的知识和形成的品格将影响人的一生，在学校接受系统的技术技能教育并养成良好的职业精神是他们未来成为大国工匠的基础。

二、职业教育系统培育工匠精神的目标定位

工匠精神是工匠们在长期的职业实践过程中养成的良好职业素养，新时代赋予了工匠精神新的内涵。新时代的工匠精神包含爱岗敬业的职业精神，这是工匠精神的根本。干一行爱一行，热爱本职工作，在工作中做到勤恳、敬业、一丝不苟、踏实负责。新时代的

工匠精神包含精益求精的品质精神，这是工匠精神的核心。追求极致的完美，永不止步，努力把产品做到最好。工匠精神包含协作共进的团队精神，这是工匠精神的要义。在大机器生产时代，一个人的工作是整个工序的一部分，只有团结协作，做好每一步，才能实现整个工作的顺利完成。工匠精神包含追求卓越的创新精神，这是工匠精神的灵魂。不同于传统工匠的继承，现代工匠强调的是传承之上的创新，只有这样才能跟上时代发展的步伐。工匠精神是一种意识形态，只有承载于人之上才能够体现出来，职业教育工匠精神的培育也只有通过学生这一载体才能够进行。因此，职业教育培育工匠精神的目标就是培养工匠型人才。

（一）高职教育人才培养目标的嬗变

培养什么人、怎样培养人、为谁培养人，是教育的三大基础命题。人才培养目标主要解决"培养什么人"的问题，是教育的出发点，也是决定教育类型属性的关键。高职教育人才培养目标决定了学生培养的基本方向，是职业院校一切教学活动的指南，规定了教学活动结束后学生在知识、技能、素养等多方面要达到的标准，是进行教育评价和评估的依据。在不同的历史发展阶段，高职教育人才培养目标有着不同的表述，每一种表述都代表着特定时期对人才培养的要求。

1. "技术型"人才培养目标导向时期（1980—1993年）

1980年全国第一所职业大学——金陵职业大学成立，标志着我国高职教育的正式起步。为满足地方经济建设对专门人才的需要，短期职业大学兴起，1982年，教育部在关于《中国短期职业大学和电视大学发展项目报告》中指出，职业大学这种新型学校应根据地方需要，按照灵活的教学计划招收自费走读的学生，使学生将来可以担任技术员的工作。这是首次从国家层面明确职业教育的人才培养目标，"技术员""地方需要"是其典型特征。1987年，《国家教育委员会关于改革和发展成人教育的决定》指出，职业教育应为企事业单位培养生产、经营管理方面的专业技术人才。1991年，国务院作出了《关于大力发展职业技术教育的决定》，提出努力办好一批培养技艺性强的高级操作人员的高等职业学校[①]。这一时期，高职院校刚开始兴办，办学仍处于研究、探索之中，其人才培养目标的定位也相对模糊，强调职业性、地方性，满足经济建设需要，是其主要特征。

2. "实用型"人才培养目标导向时期（1994—1998年）

随着教育结构的调整及《中华人民共和国职业教育法》《中华人民共和国高等教育法》的相继颁布，高职教育获得法律地位，以一种新的、独立的教育类型登上舞台。1995年8月的全国高等职业教育研讨会明确指出，高职教育培养在生产服务第一线工作的高层次实用型人才[②]。由此可知，培养满足基层及农村地区需要，将成熟的技术和管理应用于生产和服务的实用型人才成为这一时期我国高职教育的人才培养目标。

3. "应用型"人才培养目标导向时期（1999—2002年）

为了应对全球经济危机，缓解国内就业压力，拉动内需，促进经济发展，满足国民接受高等教育的愿望，高校扩张政策应运而生。2000年，教育部颁发的《关于加强高职高专教育人才培养工作的意见》明确指出，高职教育应以培养高等技术应用性专门人才为根本任务。2002年，《国务院关于大力推进职业教育改革与发展的决定》提出，职业教育应培养一大批生产、服务第一线的高素质劳动者和实用型人才。虽然该文件并不是专门针对高职教育的，但是却对整个职业教育提出了总体目标。这一时期，高职教育的培养目标更具综合性，包括德育要求、职业道德要求、素质结构要求，并对理论知识和实践知识的关系进行了一定的探讨，该文件对高职教育的发

[①] 刘松林、马庆发：《改革开放以来我国高职人才培养目标发展历程与动因》，《江苏高教》2009年第1期。

[②] 周建松、唐林伟：《高职教育人才培养目标的历史演进与科学定位——兼论培养高适应性职业化专业人才》，《中国高教研究》2013年第2期。

展具有良好的指导作用。

4. "高技能型"人才培养目标导向时期（2003—2011年）

2003年，"高技能型"人才培养目标的概念在全国人才工作会议上第一次被正式提及。随后，教育部颁发的《2003—2007年教育振兴行动计划》指出，要培养高素质的技能型人才，特别是高技能型人才。2004年，《教育部关于以就业为导向深化高等职业教育改革的若干意见》提出，高等职业院校要坚持培养面向生产、建设、管理、服务第一线需要的高技能型人才。2011年，《教育部关于推进高等职业教育改革创新引领职业教育科学发展的若干意见》指出，高职教育以培养"高端技能型人才"为目标[①]。经济全球化、科技进步、我国经济结构调整的大背景是提出"高技能型"人才培养目标的促进因素。

5. "技术技能型"人才培养目标导向时期（2012—2015年）

2012年，《国家教育事业发展第十二个五年规划》对高职教育人才培养目标进行了重新定义，即高职教育要大力培养产业转型升级和企业技术创新需要的技术技能型人才。2014年，《国务院关于加快发展现代职业教育的决定》明确指出，加快现代职业教育体系建设，培养数以亿计的高素质劳动者和技术技能型人才。《现代职业教育体系建设规划（2014—2020年）》明确指出，职业教育重点培养掌握新技术、具备高技能的高素质技术技能型人才。高职教育人才培养目标将"技术"与"技能"相结合是其最大的亮点。

6. "工匠型"人才培养目标导向时期（2016年至今）

2016年，李克强总理在作政府工作报告时指出，鼓励企业开展个性化定制、柔性化生产，培育精益求精的工匠精神，增品种、提品质、创品牌。这是"工匠精神"首次出现在政府工作报告中。2017

---

① 李训贵：《高校扩招以来我国高等职业教育人才培养政策分析》，《黑龙江高教研究》2011年第7期。

年，《国务院关于印发国家教育事业发展"十三五"规划的通知》指出，强化大国工匠后备人才培养，着力提升职业学校人才培养质量，加强职业精神培育，推进产业文化、优秀企业文化、职业文化进校园、进课堂，促进职业技能和职业精神高度融合，着力培养崇尚劳动、敬业守信、精益求精、敢于创新的工匠精神。2019 年，《国家职业教育改革实施方案》更是提出要把发展高等职业教育作为优化高等教育结构和培养大国工匠、能工巧匠的重要方式，使城乡新增劳动力更多地接受高等教育。可见，"工匠型"人才培养目标将成为我国高职教育今后一段时间主要的人才培养目标。

（二）高职教育人才培养目标嬗变的动因

经过不断的发展和变化，高职教育人才培养目标的表述更加清晰、方向更加明确，分析高职教育人才培养目标嬗变的动因，不难发现，这是由经济、社会、科技及教育等诸多因素共同作用的结果。

1. 经济发展的影响

改革开放初期，我国的经济体制以计划经济为主，企业是行政部门的附属物，不能自主经营，也不自负盈亏，其主要关注的是生产计划的完成情况。国家对企业管得很严，企业缺乏自主能力，价值规律作用低下，工人积极性不高，因而，生产技术的革新与改进大多不被企业所重视，更谈不上对技术工人的培养。随着市场经济体制的实行，我国的经济发展方式得以转变，市场竞争促使企业不断创新，提供更加优质的商品和服务，很多企业开始通过创新和增加技术含量来实现产品的增值。市场经济的确立、经济规模的扩大、经济结构的调整对直接从事企业生产、服务的技术技能型人才产生了更大的需求。近年来，我国经济发展进入新常态，经济增长速度从高速增长转为中高速增长，经济结构不断优化升级，发展从要素驱动、投资驱动转向服务业发展及创新驱动，增长动力要实现转换、经济结构要实现再平衡，迫切需要一大批技术技能型人才和工匠型人才。可以说，经济发展是高职教育人才培养目标变化的直接动因。

2. 社会因素的影响

人才结构的变化促使高职教育人才培养目标发生变化。我国经济发展初期，受到重视的是各行各业起主导作用的人才，随着经济的发展，许多行业管理人才接近饱和，大学毕业生不再实行分配政策，技术工人严重短缺，尤其是高级技工在技术工人中占比较小，人才供给和需求不匹配，呈现出人才的结构性矛盾。人才的结构性矛盾促使国家调整高职教育人才培养目标，由培养"工程师类人才"向培养"高级技术应用型人才"转变，2003年后又转为培养"高技能型人才"。此外，就业带来的压力也促使高职教育人才培养目标发生转变。按旧有培养目标培养的高职人才已经不能完全适应就业要求，导致就业压力骤增，将就业压力转化为人力资源资本只能通过教育来实现。同时，政治、文化、家庭等发生的变化及西方价值观念、生活方式的冲击等也对高职教育人才培养目标产生了影响。可以说，社会因素是高职教育人才培养目标变化的深层动因。

3. 科技发展的影响

改革开放初期，我国工业发展水平较低，这一时期的经济结构以劳动密集型为主，科技含量不高，对工人的技术、技能要求也不高。随着第二次工业革命的推进及我国市场经济的发展，以现代企业制度为核心的经营体制逐渐得以确立，企业装备水平明显提高，对工人技术能力的要求也不断提高。伴随着信息化的发展，一大批企业以信息技术为核心，不断更新设备，研发新产品，各工作岗位对技术的要求也随之提高，传统的单一技能型工人难以适应原有的岗位，迫切需要提升个人技能。伴随着第三次工业革命的到来，人工智能、虚拟现实、生命科学等标志着人类已经进入了知识经济的时代，知识经济促使生产方式更加柔性化、分散化、智能化，新的生产和服务岗位对人才提出了全新的要求，即要具有扎实的理论知识，经受过系统的技能训练，具有勇于创新的精神和精益求精的工作态度。与此同时，国际贸易的发展和跨国公司的涌入在带来先进生产技术和管理方式的同时，也要求高职教育为其培养大量具有国际视野和过硬技能的人才。由此可见，科技的发展使知识、技术、设备的更新速度加快，学习能力、实践能力、创造能力、就业和创业能力及沟通和协作能力等成为高职教育人才培养目标的重要内容。

4. 教育自身发展规律的影响

高职教育的发展有其自身的规律，它不受人的意志的控制，是独立的、自成体系的。不同时期的教育研究者在高职教育的性质、定位、与经济和社会发展之间的关系、人才培养的目标等基本问题上的持续研究，促进了高职教育规律的发展与完善。如关于高职教育定位的研究，将高职教育定位为一种教育类型，从而使高职教育从普通本科教育中独立出来。

（三）高职教育工匠型人才培养目标的解构与重构

教育学中的人才培养目标是指学校通过认知自身发展结合外在环境的变化，明确内在与外在需求，在理性分析的基础上结合教育使命与愿景，设计出关于学生成长的蓝图。由此可知，人才培养目标是学校文化的一种体现，具有导向功能，决定了学校人才培养的方向；具有标识功能，体现了人才培养的层次；具有激励功能，影响人才培养的质量[①]。

1. 工匠型人才培养目标的维度

一般而言，人才培养目标包括知识、能力、素养三大基本要素。从逻辑上看，三者是基础、核心、关键的关系。知识涵盖了基础理论知识和专业技能知识，是人才培养目标的基础，对能力和素养起直接作用。知识外化的结果体现为人的能力，知识内化的结果体现为人的素养。能力是人才培养目标的核心，是在掌握知识的基础上所表现出来的一种对外在事物的改造能力，具有专业性和发展性。能力主要包括操作能力、迁移能力、创新能力和适应能力等。素养

---

① 王严淞：《论我国一流本科人才培养目标》，《中国高教研究》2016 年第 8 期。

的内涵比较宽泛，包括身体与心理素质、思想道德与文化素质及专业素质等。三者以知识为基础，能力和素养在知识的基础上既独立发展又交叉融合。高职院校工匠型人才培养目标既遵循人才培养目标的一般规律，又有其自身的特点，具体如下。

一是知识目标的高端与复合性。在整个职业教育系统中，高等职业教育处于较高的层次，相对于中等职业教育而言，高等职业教育具有高等性，具体表现为知识和技能的高等性。工匠型人才培养目标经历了"技术型""实用型""应用型""高技能型""技术技能型"的发展变化，其对人才专业知识与技术技能的要求不断提高。当下正处于知识爆炸的时代，各学科之间不断交叉融合，这就需要从业人员不断学习知识，成为知识复合型人才。工匠是指在某一领域具有高超技艺的人，要实现在专业领域的精通，更加需要其他相关领域知识的支撑。

二是能力目标的专研与创造性。职业性是高等职业教育的本质属性之一，这是由高等职业教育的类型决定的。高等职业教育应培养具有较强动手能力和解决实际问题能力的人才。工匠型人才不仅要有较强的实践能力，更要成为基层技术技能领域的行家里手。同时，工匠型人才还需要对工作具有认同感和自豪感，进而达到专研的高地。由此可以看出，工匠型人才的能力目标不仅要技能高超，还要对工作有着透彻的理解，具备追求极致的专研精神。产业结构的升级和技术的改进对从业人员提出的要求越来越高，工匠型人才应具有较强的工作迁移能力和创新能力，能发现现有的和潜在的技术问题，并运用既有知识创造性地解决问题。

三是素养目标的系统与行业性。教育性是职业教育的另一个本质属性之一，职业教育必须关注人的发展。工匠型人才的素养目标有宏观层面的家国情怀、社会责任感的培养，也有个人层面的道德品质、坚定意志、进取精神等的培养，更涉及具体行业的职业操守、职业精神等职业素养的培养。因而，工匠型人才的素质目标既是系统的，又是具有行业性的。

2. 工匠型人才培养目标的定位

通过对工匠型人才培养目标维度及特点的剖析，本书认为高职教育工匠型人才培养目标应定位于培养"宽厚与专精结合""人文与技术并重""传承与创新融合"的服务生产一线的高级应用型人才，具体如下。

一是宽厚与专精结合。高职教育培养的工匠型人才应具有知识的宽厚性。从纵向上来说，宽厚性指的是基础理论知识的厚度，基础理论知识既是能力生成和能力得到发展的基石，也是构建个体能力体系的基础。从横向上来说，宽厚性指的是专业知识的宽度，表现为专业知识的宽口径，工匠型人才应尽可能地扩大知识的范围，在掌握本专业知识的基础上，掌握与本专业相关的其他专业的知识，力争在更全面的知识背景下深化对专业的理解，增强职业迁移能力。在智能制造时代，单一技能者在特定岗位上从事简单的重复性工作的工作方式将逐渐被工具和技术替代，工作内容复杂度的提升、职业岗位工作范围的拓宽和专业工种之间业务的交叉要求从业人员要一专多能[1]。此外，高职教育培养的工匠型人才还应具有知识的专精性，要能够不断钻研所从事的行业、岗位的相关知识，在宽厚性的基础上做到专业精细，这一方面是由高职教育的属性决定的，另一方面也是人才能够成长为工匠的关键，只有将有限的时间和精力投入到特定的领域才可能成长为工匠型人才。

二是人文与技能并重。工业革命对技术工人的需求催生了现代意义上的职业教育，使职业教育从传统手工作坊的学徒培养转向了规模化和制度化的学校教育，因而职业教育一开始是以培养技术型人才为目标的。加之受推崇科学技术万能论和注重工具功能的"技术理性主义"影响，导致职业教育过分地注重人才的技能训练，在一定程度上忽略了人文素养的培养[2]。强调职业教育对社会和经济发

---

[1] 陈山漫、王媛：《"工匠精神"背景下应用技术大学人才培养的现实挑战与应对策略》，《教育理论与实践》2018年第15期。

[2] 郑玉清：《现代职业教育的理性选择：职业技能与职业精神的高度融合》，《职教论坛》2015年第5期。

展的贡献是必须的,但职业教育的人文价值同样不可或缺,不能因为职业教育的社会功能而损害人的价值。因而,高职教育培养工匠型人才应做到人文与技能并重,在培养技能的同时,也要注重人文素养的培养。具体来说,工匠型人才的人文素养培养包括坚定的政治立场、强烈的社会责任感、爱国情怀和民族精神等家国情怀的培养;正确的人生观和价值观、坚强的意志、不断进取的精神等道德品格的培养;传统文化、行业文化、企业文化、地域文化等文化传承的培养;敬业守信、求真务实、精益求精等职业精神的培养;全球视野、创新精神、终身学习等发展能力的培养。

三是传承与创新融合。我国有着悠久的手工业传统,手工业造就了一大批的能工巧匠、享誉世界的精湛技艺及独有的工匠文化。但随着产业革命和工业革命的兴起,现代工业制度及制造业文化迅速传入中国,加之传统手工业的式微,中国本土工匠文化与技艺没有与现代制造业实现高度融合,工匠文化及技艺的传承出现了断代。然而,传承的断代并没有让"工匠"的定义出现偏差,精益求精、尽善尽美等工匠的本质特征依旧被保存着。高职教育培养的工匠型人才应该是传承与创新相结合的人才,应将中华本土工匠模式与西方近现代工匠模式相结合。传承并创新技艺,在传统工艺的基础上不断创造新工艺,通过创新让传统工艺焕发新的活力;传承并创新精神,将"经世致用""守拙求真""德艺双修"等传统工匠精神与西方"标准化动作""一生只做一件事"等现代工匠精神融合创新;传承并创新文化,将传统手工业的家族文化、师徒文化与现代优秀的企业文化、行业文化融合创新,培养出传统与现代融合、本土与国外融合的工匠型人才。

三、职业教育系统培育工匠精神的内容

(一)职业技能培养

细观"工匠精神",可将其拆分为"工匠"和"精神"两部分,

从字面上可理解为工匠的精神，因而很容易让人们产生工匠精神仅是一种道德观的想法。作为凝结在工匠身上的在生产过程中所展现的精神品质，工匠精神至少包含三个要素：主体要素——工匠，指拥有高超技艺的人，也指实际工作中的人；生成要素——工作过程，工匠精神的生成需要长期的一线工作经验积累与升华；表征要素——精神品质，如精益求精、敬业奉献、一丝不苟、敢于创新等精神品质[①]。由此可知，工匠精神以主体要素"人"为载体，是人在长期的工作历练中获得的一种品质。将工匠精神脱离载体，简单地道德化、精神化，容易陷入虚幻的浪漫主义误区。此外，工匠精神的获得需要不断地练习与实践，工匠在重复运用技术的过程中，不断地对技术与技能进行创新与改进，从而实现生产的个性化和柔性化，从这个意义上来说，工匠精神也是一种卓越的、富有创造性的技术与技能。职业教育系统培育工匠精神，要注重对学生职业技能的培养，具体包括三个方面：一是注重职业基础技能的培养，为工匠精神的产生打下坚实的基础；二是强化职业核心技能的培养，为工匠精神的发展提供养分；三是加强职业拓展技能的培养，为工匠精神的发展提供多种可能。

（二）家国情怀培养

爱国是一个人对国家最崇高的情感，也是发自内心最朴素的情感。我国的知识分子历来就有浓厚的家国情怀，"先天下之忧而忧，后天下之乐而乐""天下兴亡、匹夫有责""人生自古谁无死，留取丹心照汗青""苟利国家生死以，岂因祸福避趋之"等名言广为流传，无数优秀的知识分子始终心怀天下，自觉地将自身的发展与前途同国家和民族的命运紧密联系在一起，并付诸行动，留下了许多可歌可泣的事迹，激励了一代又一代的中华儿女。优秀的工匠必然也是爱国的公民，新时代的工匠精神首先应包含强烈的爱国情怀，要有一颗为国家制造业发展奉献自己的心，要将推动"中国制造"向"中

---

① 王晓漪：《"工匠精神"视域下的高职院校职业素养教育》，《职教论坛》2016年第36期。

国创造"转变、促进"中国质量"向"中国品质"转变作为奋斗的目标。职业教育系统培育工匠精神要注重学生家国情怀的培养，帮助学生树立远大的理想，具备勇于担当和砥砺奋斗等品质，让爱国主义成为学生的坚定信念和精神支柱。

（三）公民道德培养

国务院印发的《关于加快发展现代职业教育的决定》指出，职业教育应坚持以立德树人为根本，以服务发展为宗旨，以促进就业为导向。立德树人是以人为本理念在教育领域的充分体现。把立德树人作为我国教育的根本任务，既体现了我国德育为先的教育传统，也是对我国历来教育方针的贯彻和强化，还是对当下育人过程中德育淡化的一种纠正。职业教育坚持以立德树人为根本，是为社会和经济发展提供坚实人才保障的要求。只有端正学生的政治立场，帮助他们树立正确的世界观、人生观和价值观，才能使他们能够从容地面对产业升级和职业岗位变化所带来的挑战。因而，职业教育要将立德树人贯穿教育教学的全过程，要发掘所有课程中的德育内涵，将德育教育与课堂教学、实习实践等融合到一起；要加强学生中华传统美德、家庭美德、个人品德的教育，重视学生公民基本道德规范教育；要注重培养学生团结协作、爱岗敬业、诚信奉献的职业道德和诚实劳动、严谨细致、精益求精的工作作风；要注重学生的劳动教育，培养学生以劳动为荣、以实践为荣、以创造为荣的理念，帮助学生养成良好的劳动习惯。

（四）文化传统培养

我国的手工业历史悠久且很发达，在中华文明的历史长河中，出现了大批巧夺天工的能工巧匠，如鲁班、庖丁、黄道婆、欧冶子等，他们为人类文明的发展留下了丰富的物质遗产。传统手工业是我国文化遗产的重要组成部分，浓缩了民族文化，体现了人文精神，而蕴含于传统手工业中的工匠精神本身也是一种文化，这种文化需要传承，也需要创新。行业文化是社会文化的组成部分，一个具有凝聚力的行业文化，不仅是行业可持续发展的基本驱动力，也是行业管理的核心和灵魂。职业教育具有强烈的行业色彩，在工匠精神的培育过程中融入行业文化是必然的要求。此外，有别于传统作坊式的手工业，现代制造业依托于企业，工匠的一重身份是企业的员工，因此，企业文化对工匠精神的影响很重要，特别是有着悠久历史的企业，其企业文化更是对工匠精神的影响十分深远。因而，职业教育可利用校企合作、现代学徒制等方式注重对学生进行企业文化的培养。与此同时，受地域文化的影响，不同地区有着自己独特的地域文化，如湖南文化中的"吃得苦""霸得蛮""耐得烦"等，这些地域文化直接或间接地影响着本区域的技术技能型人才，故职业教育系统培育工匠精神也应关注地域文化传统。

（五）职业精神培养

职业精神的内涵可分为三个层面，一是思想层面，职业精神不仅是技术技能型人才需要具备的精神，还是各行各业从业人员应该具有的思想觉悟。职业精神在思想上表现为对待工作认真负责和无私奉献，这种精神应该体现在每个人的工作中。二是行为层面，职业精神鼓励在原有技艺的基础上对技艺求精与革新，通过不断传承与创新实现新的突破。职业精神在行为上表现为勇于创新、持续专注、注重品质。三是目标层面，职业精神强调追求卓越、追求完美，将打造精品奉为金科玉律，工作已不仅是谋生的手段，更是一种永不停止追求完美的信仰。因此，职业教育培育工匠精神要特别注重职业精神的培养。

（六）发展能力培养

我国坚定不移地实行对外开放的基本国策，迫切需要一大批具有国际视野、通晓国际规则、具有国际竞争力的技术技能型人才。因而，高职教育工匠型人才的培养应该包括对学生国际视野的培养，这既是工匠型人才发展能力的重要组成部分，也是工匠精神培育的时代要求。高职院校要引入优质的国际教育资源，与境外高水平院校合作办学，实现办学资源的国际化；要在课程教学中加入国际通用标准，在教学管理模式、人才培养模式等方面与国际接轨。工匠精神的培育需要工匠思维的支撑，而创新思维是工匠思维的核心组成部分，没有创新思维，工匠将缺乏活力与生命力。创新思维使工匠通过自主劳动、品质劳动在工作中获得快乐与满足，不再单纯地进行模仿或重复性劳动，而是通过不断改进技术和创新解决问题的方法来获得质的突破。《国务院关于印发国家职业教育改革实施方案的通知》指出，落实职业院校实施学历教育与培训并举的法定职责。培训是技术技能型人才离开学校教育后继续掌握新知识、新技能、新工艺等的主要途径，是成为工匠的一种途径。由此可见，持续不断地学习是工匠成长的关键。因此，职业教育培育工匠精神要注重学生发展能力的培养，特别是对学生进行终身学习理念的教育，培养学生学习的持续性。

四、职业教育系统培育工匠精神的方法

（一）校企合作，创新人才培养模式

近年来，国家高度重视职业教育发展，重视行业、企业在职业教育办学中的重要地位。《国务院办公厅关于深化产教融合的若干意见》明确提出，推进产教协同育人，坚持职业教育校企合作、工学结合的办学制度。这是经济转型升级、产业结构调整的时代要求，也是职业教育办学规律的要求。工匠精神的培育需要工匠型人才的承载，职业院校是工匠型人才培养的最大基地，因而创新人才培养模式是职业院校培育工匠精神的必然之举。职业院校要坚持工学结合这一主线，加强与企业、行业、园区的联系，探索行业、企业联合办学模式，组建混合所有制职业院校，组建政、行、企、校多方参与的职业教育联盟。职业院校应在标准制定、人才培养目标确定、

教学实施、师资培训、联合科研、人才培养质量评价等方面引入行业、企业力量，特别是积极探索和推行现代学徒制和企业新型学徒制人才培养模式；探索学分银行、弹性学制等，推动育人模式改革，实现招生与招工一体化；制定系列制度，明确受教育者学生、学徒双重身份的权利与义务；加强创新创业人才培养，提升学生创新思维与水平，为学生提供多样化的成长路径；紧密围绕产业需求，强化实践教学，增强复合型人才培养能力。

（二）立德树人，发挥思政教育重要作用

立德树人是职业教育应坚持的根本导向。思政教育是高职院校意识形态传播的主阵地，职业教育系统培育工匠精神应将工匠精神作为思政教育的重要内容，将社会主义核心价值观与工匠精神有机结合，引导学生将职业理想与敬业奉献的职业精神相结合。首先，利用入学教育、主题活动等，加强学生职业价值观教育，为学生树立正确的职业理想和职业目标打下坚实的基础。利用思想政治教育课和创新创业教育课，将工匠精神的特质、内涵、价值和意义传授给学生，做好学生的职业认知、职业规划等教育。其次，将工匠精神融入社会主义核心价值观教育。工匠精神中的永不止步、追求卓越、服务社会等品质与社会主义核心价值观具有高度的一致性。职业院校应以社会主义核心价值观为引领，积极宣传工匠典型事迹，鼓励学生学习工匠诚信立身、友善待人等品质。再次，职业院校应引导学生关注技术进步，认识到技术技能型人才所具有的当代价值和意义，培养学生对专业的认可度和对技术的热爱。最后，要注重细节教育，培养学生从"小"着手的习惯与素养，通过一颗螺钉、一个焊点、一个零件等让学生领悟工匠精神的真谛。

（三）教育教学，将工匠精神培育融入课程教学

职业教育系统培育工匠精神应将工匠精神培育贯穿教育教学全过程。在课程设置方面应更加灵活，不仅要注重通识教育课程的开

设，还要加强创新创业类、人文教育类课程的开设。要创新教学形式，采取灵活多变的授课方式，如慕课、片段教学、讲座、经验宣讲和典型宣传等，激发学生的创新意识，提升学生的人文素质与素养，为工匠精神的培育夯实基础、营造氛围。具体来说，一是注重专业教育。专业教育是将工匠精神培育融入课程教学的主要阵地，教师应遵循不同专业课程的特点，将工匠精神培育渗透到教育教学的过程中，既教授学生专业技能，又培养学生追求精湛技艺的精神。在专业技能的培养过程中，让学生理解并感受工匠精神的内涵，使学生认识工匠精神的当代价值和意义。二是对接生产现场，强化实操实训。将专业教育与社会实践相融合，既有利于提升学生的专业技能，也有利于培养和塑造学生的职业精神。职业院校在加强专业教育的同时，应鼓励学生参加实践，学生体知躬行的过程即是体验工匠精神的过程，最后将体验的工匠精神内化为个体的思维方式和价值观念。职业院校要确保安排足够的实操实训课时，将有共同职业知识及要求的实操实训课程进行整合；要对接生产现场，构建仿真工作环境，使学生在真实的生产情境中体会将专业理论知识转化为生产力的成就感，更深层次地领会专业魅力。三是在学生顶岗实习期间，实行职业院校与实习单位联合培养、考察、评价的模式。在顶岗实习过程中，督促学生学习企业精神、体会企业文化，培养尽职尽责、高效务实等职业品质。

（四）共培共育，提升教师队伍质量与素养

职业教育系统培育工匠精神要注重教师队伍质量和素养的提升。一是要注重师德师风的建设。各级教育主管部门应将师德师风考察纳入教师职业发展考核体系，由职业院校、第三方独立机构、教师和学生等参与评价考核，对师德失范、弄虚作假、学术不端等行为实行"一票否决"。二是校企共培共育，打造"双师型"教师队伍。"双师型"教师是职业院校获得长足发展的动力，在工匠型人才培养方面发挥着十分重要的作用。扎实的理论功底和丰富的生产实践经验是"双师型"教师的必备素养，这就要求职业院校要建设高

素质的"双师型"队伍。职业院校应建立健全"双师型"教师的入职标准和职称评聘体系,打通"双师型"教师的成长通道;加强校内专职"双师型"教师的培养,与企业紧密合作,引入技术骨干和能工巧匠,建立稳定的兼职"双师型"资源库;职业院校还应注重教师的职业发展与职业培训,鼓励教师深造,支持教师进入企业顶岗实践与挂职交流;帮助教师了解和掌握行业内的新理论、新技术与新工艺,保持知识能力结构的适应性与前沿性。三是在人才培养方面实行双导师制。由来自学校的导师负责学生专业知识、专业理论等的教学和日常事务的管理,由来自企业的导师负责学生实操技能的培养和实习实训的管理等。

(五)潜移默化,营造富有工匠精神的校园文化

校园文化是隐性的教育资源,其对学生的影响是潜移默化的,也是意义深远的。职业教育系统培育工匠精神可以通过构建富有工匠精神的校园文化来实现,让学生在耳濡目染中积淀工匠底蕴。一是在校园制度文化建设中融入工匠精神。在人才培养和考核过程中,建立多元化的考核体系。应用型本科院校尤其应该加强职业品行考核标准体系的开发,建立职业操守奖惩制度,全方位培养受教育者严格自律、履行公约、追求卓越、精益求精的工匠精神。职业院校应将企业的管理模式和规章制度引入校园,将与行业相关的操作指南和标准规范融入教学标准和管理标准,构建与行业、企业紧密相关的管理模式。同时,应加强对职业素养的考核,建立职业操守奖惩制度,通过制度让严格自律、履行公约等工匠精神内化为学生的行为。二是在校园行为文化建设中融入工匠精神。职业院校可以聘请优秀的企业家、金牌工匠、行业大师到学校进行宣讲,对其典型事迹进行宣传报道,让学生感受其优秀的职业品格,深入领会工匠精神的价值和意义。三是在校园精神文化建设中融入工匠精神。职业院校要大力弘扬传统文化,将传统文化中的工匠精神与行业文化、地域文化、校园文化建设相结合,打造独一无二、个性鲜明的校园文化。四是在校园物质文化建设中融入工匠精神。通过在校园内建

立有形器物，如雕塑、壁画等，或通过悬挂宣传标语、打造文化栏等，让工匠精神以立体化的方式呈现，使学生直接感受工匠精神的魅力，自觉地追求工匠精神。

五、职业教育系统培育工匠精神的评价

（一）职业教育工匠精神培育评价体系构建方法

1. 注重工匠精神培育的过程评价

评价的主要目的不仅在于评判，更在于发挥激励与导向作用。职业教育对学生进行工匠精神培育的目的，不仅要让学生明白工匠精神的内涵、意义，更要让学生在学习、生活和工作中时刻以工匠的标准要求自己，将职业行为规范落到实处、落到细处，努力践行工匠精神实质。因而，职业教育工匠精神的培育既要注重终结性评价，也要注重过程性评价。终结性评价侧重的是最终的结果，是对职业教育工匠精神培育效果的总体判断，从学生的培养质量、用人单位的反馈意见等方面体现。工匠精神培育的过程性评价主要包括以下三个方面：一是阶段评价。职业教育工匠精神培育贯穿教育教学始终，落实到教育教学的方方面面。学生在校期间，根据人才培养目标、专业培养方案及企业岗位需求的不同，教育目标既具有一致的连续性，又具有相对的阶段性，因而职业院校、企业、第三方评价机构等可以根据不同阶段的教育目标组织理论、实践教学效果评价。二是课程教学过程评价。在确定学生培养的阶段后，依据人才培养方案和目标，将工匠精神培育目标进行细化和分解，以主题教育为统领、以情境任务为导向将其融入课程教学过程中，并随课程教学进行评价与考核。三是全方位教育过程评价。除了教学与学习，职业教育培育工匠精神受管理、生活、文化氛围等多重因素的影响，因而职业教育工匠精神培育的评价也涉及学生的日常行为、社会实践等多个方面。

2. 评价标准融入社会和行业需求

科学合理的评价标准体系对评价结果的有效性有着直接影响。工匠精神的培育与社会、行业、企业关系密切，职业教育工匠精神培育的评价自然也要将社会、行业、企业的需求考虑在内。因而，建立工匠精神培育评价标准体系需要基于广泛、深入的社会及用人单位的调研结果。工匠精神培育评价标准体系的构建必须要基于职业岗位标准，评价指标要能反映学生的职业素养与工作岗位需求的匹配程度。与此同时，工匠精神培育评价标准体系的构建应具有前瞻性，在反映行业、企业的需求标准的同时，紧跟行业、企业发展方向，尽可能适度超前，引领行业和企业的发展，在促进产业发展的同时，也使学生能够实现职业生涯的可持续发展。

3. 紧扣职业教育工匠精神培育评价特性

职业教育工匠精神培育评价具有以下特性：一是多元性。职业院校人才培养质量受多方影响，工匠精神培育评价的主体应具有多元性，即应包括学校评价、行业和企业评价、第三方评价、学生自我评价等，应设置统一的量化标准，合理分配评价权重，保障职业教育工匠精神培育评价的客观性、真实性和有效性。二是全面性。职业教育工匠精神的培育是一个持续、长期、渐进的过程，在时间上具有长久性。同时，职业教育工匠精神的培育又涵盖环境、个体差异、教育等多重因素，是环境影响、学习教育与个体内化等多方发展的结果。因而，对职业教育工匠精神培育的评价应包括学生的日常管理、理论学习、实践训练、道德表现等多个方面。三是可操作性。评价指标体系是实施评价的参照与标准，应具有可操作性。应严格筛选核心评价指标，抓住问题的核心要素，并针对不同指标，灵活运用多重评价方法，做到客观公正，减少评价的主观性，保证评价的客观、真实和准确[①]。

---

① 胡楠、薛媛、李春赫：《高职生职业素养评价：问题思考与评价方法体系构建》，《继续教育》2017 年第 11 期。

（二）职业教育工匠精神培育评价指标体系

确定评价指标体系，是建立职业教育工匠精神培育效果评价模型的基础。评价指标体系应结合用人单位、高职院校及毕业生三方需求，从实际操作角度出发构建。评价指标体系应包括职业意识、职业知识、职业能力3个一级指标。职业意识包括政治素养、品德素养、职业理想3个二级指标；职业知识包括通用知识和专业知识2个二级指标；职业能力包括专业技能、创新能力、行为能力、社交能力、发展能力5个二级指标。职业教育工匠精神培育评价指标体系详见表6-1。

表6-1 职业教育工匠精神培育评价指标体系

一级指标	权重	二级指标	权重	观察标准	得分
职业意识	40	政治素养	12	爱国爱党，愿意为社会主义现代化建设贡献力量	
		品德素养	12	具有正确的世界观、价值观、人生观，具备诚实守信、公平正直、吃苦耐劳、文明礼貌、勤俭自强等品质	
		职业理想	16	了解行业文化，树立职业理想，明确职业目标，初步形成职业道德意识	
职业知识	30	通用知识	12	文化基础好，知识面广，通识课的知识学得扎实	
		专业知识	18	专业基础知识和技能常识掌握到位；专业知识面广；专业核心课的知识学得扎实	
职业能力	30	专业技能	8	具备运用理论知识指导实际操作的能力，动手能力强；能够取得职业资格，与岗位要求实现无缝对接	
		创新能力	8	具有创新意识和创新志向，有初步的技术改革、管理改革能力和可持续发展潜力	
		行为能力	5	具有良好的团队精神和合作意识，能与人和谐相处，团结协作；有很强的事业心和主人翁责任感，追求崇高的职业理想，对学习和工作态度认真、恪尽职守、精益求精，具有奉献精神；能够自觉遵守规范和履行义务，勇于承担责任	
		社交能力	5	为人坦诚，善于与人交往；掌握一定的化解矛盾、增进合作的知识和技巧；能积极参与和组织开展各种社团活动、文体活动，具有组织管理与协调能力	
		发展能力	4	有进取心，能正确对待批评，遇到困难有信心克服，抗挫折能力强；对学习和工作充满热情，办事务实，有毅力	
合计					

第六章 职业教育系统培育工匠精神的学校模式

我国的职业教育是学校本位职教模式的典型代表，其特点是以职业院校为主体，行业、企业积极参与，坚持产教融合、校企合作这一育人主线。构建职业教育培育工匠精神的学校模式应以工匠精神内涵的充分解析为基础，结合职业教育育人目标要求，重构职业院校人才培养目标，提出工匠型人才培养目标的具体要求。在工匠型人才培养目标的指导下，结合行业、企业、文化发展等要素判定职业院校工匠精神的培育内容，选择行之有效的培育方法。在培育完成后，对培育效果进行评估，查找问题，不断改进。我国职业教育培育工匠精神的学校模式如图6-1所示。

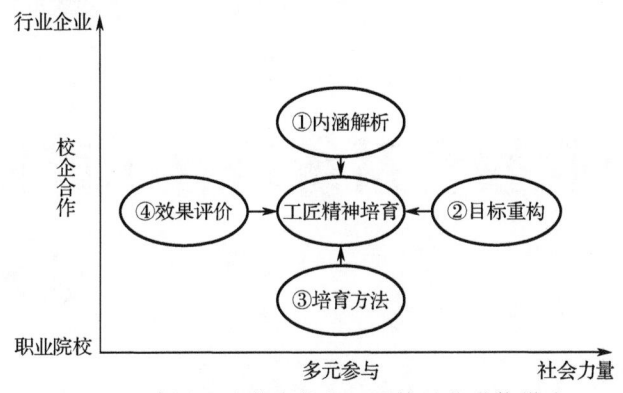

图 6-1　我国职业教育培育工匠精神的学校模式

第七章

职业教育系统培育工匠精神的基本路径

工匠精神是制造业转型升级之匙，是企业生存发展的重要保障，是个体立足职场的必备素养，也是我国传统非物质文化遗产得以保存并发扬的根本。无论是基于家族传承制的家庭职业教育，还是基于企业师徒制的企业职业教育，抑或是基于现代学徒制的学校职业教育，都需要在人才培养的过程中，逐步将工匠精神的价值观念贯穿于个体的日常学习、工作和生活中，探索出兼具特色与实效的工匠精神培育路径。

一、基于家族传承制的家庭职业教育培育

在传统技艺的传承与发展过程中，以血缘为纽带的家族传承制是使传统技艺不至于消失殆尽并得到持久发展的重要手段。在中华

民族几千年的历史长河中，家族传承制是最为古老悠久的传承方式，它以代代相传的形式将技艺与文化不断延续和传承，为工匠精神的发扬光大作出了不可估量的贡献。

（一）家族传承制的发展背景

家族传承制自古就有，其历史渊源深远，最早可追溯到原始氏族公社时期。在母系社会，食物熟制、衣物制作等技艺遵循着"母传女""舅传甥"的原则以言传身教的形式传承。母系氏族公社解体后，父权家长制拉开帷幕，工具制作、洞穴建造等技艺以"父传子""子传孙"的方式在部落内部传承。无论是在母系氏族社会还是在父系氏族社会，以血缘关系为纽带的传承方式不断发展壮大并越发凸显其重要作用，这也构成了家族传承制的雏形。随着农耕和畜牧业的进一步发展，多余粮食和牲畜的出现催生了私有制，社会的基本组织单位由"部落"转变为"家族"，家族传承制的社会基础得以奠定。"部落"是由若干血缘相近的宗族、氏族结合而成的集体；"家族"是具有相同血缘关系的人在一起生活所组成的社会群体。因此，家族传承相比部落传承具有更加显著的"排外性"，这种"排外性"在夏朝建立之后到达一个顶峰。随着"公天下"变为"家天下"，社会的家族制度从此延续几千年。从外部环境来看，这种根深蒂固的家族制度让技艺拥有者为了维护家族的地位、声望和利益，往往只将技艺传给直系后代。同时，农耕社会自给自足的经济生活状态，也不需要人们进行过多的对外交流与市场交换，技艺的传承自然而然地停留在家族内部这个圈子里。从内在心态来看，一门技艺的获得往往来之不易，须历经难以估测的时间与精力的沉淀，而一旦掌握了技艺便相当于拥有了谋生的资本，进而拥有了比土地和货币都更有价值的财富。由于技艺的得来不易和巨大的价值空间，使得家族在传承对象的选择上更加保守和狭隘。长久以来，家族传承制正是在这样的社会背景下形成和发展的。可以说，这种绝对的排他性既造就了家族传承制，也在某种程度上限制了家族传承制的发展。时至今日，家族传承制在传承范围上有了一定的扩展，从起初的只传直系亲属，有的甚至传男不传女，到后来扩展到血缘亲属，但其最本质的特征并未改变，仍是一种以血缘为纽带的内部传承。

（二）工匠精神家族传承的主要方式

工匠精神涵盖"技""术""心"三个层面的价值理念，包含工艺精神和人文精神的双重追求[①]。因此，工匠精神的传承不仅是一种技艺的传承，更是一种文化的传承，主要通过兴趣启蒙、言传身教、生活实践等方式得以实现。

1. 兴趣启蒙

兴趣与热爱是催生工匠精神的源动力。在兴趣启蒙方面，家族传承制具有直接、全面、贴近生活等先天优势。家庭是人出生后最早接触的环境，也是童年生活的主要场所，与父母长辈的相处占据了人一生中的大部分时间，家庭环境对于个体成长的影响是不言而喻的，工匠精神的种子也在此种下并生根发芽。具体来说，在初始兴趣的激发与培养方面，父母长辈的工作间或陈列间是继承人孩童时期玩耍的场所之一，他们无数次有意无意地观察和接触到家族技艺的施展过程和最终的成品，由此产生了熟悉感和亲切感。尽管在这一阶段继承人并不具备自主选择的能力，也不需要付出意志努力，但不可否认，这是培养继承人对家族技艺兴趣的最初始的方式，其产生的作用和影响虽无法在短期内显现，却长久而深远。随着年龄和经历的增长，在能感知和理解精湛技艺所呈现出来的美感及能够靠其维持生计、获得名利等外部价值时，过去的熟悉感、亲切感便上升成为一种崇拜感，进而产生一种跃跃欲试的心态，此时继承人对于技艺的接受也由被动逐渐变为主动，加之偶尔帮大人做事所带来的成就感，使他们对于学习

[①] 刘晓：《技皮·术骨·匠心——漫谈"工匠精神"与职业教育》，《江苏教育》2015年第44期。

技艺有了更高的积极性。尽管在知识体系和实践操作层面还极为粗浅，但在这一阶段他们已经有了主动学习的欲望和初步形成的文化认同感，其意义与价值远远超越了技艺学习本身。兴趣启蒙便是在这种家庭环境的暗示与感染、有意无意的模仿及简单的实践过程中实现的，继承人也由此完成了从天性好奇、无意识模仿到自主观摩、主动探究的过渡与成长。

2. 言传身教

工匠精神的传承是一个历时长久的过程，在此期间，传承人的言传身教是继承人习得工匠技艺、领悟工匠文化最为重要的方式。相较于非血缘关系师徒性质的言传身教，家族内部的传承在内容上具有更高的完整性，不但包括技艺上的授受，而且包括文化与精神的薪火相传；在形式上具有更高的灵活性，传承人与继承人处于长期交往和深度接触之中，不拘泥于时间、空间和师徒关系的限制；在关系上具有更强的权威性，传承人对于继承人拥有绝对的话语权和管理权。在初级阶段，对技艺的学习以观摩和旁听为主，其间传承人往往是边劳作边传艺，在继承人对整个技艺流程有了一定的印象和基础之后才开始进入动手练习的阶段。在这一阶段，通常是一对一、手把手地传授，且其流程是环环相扣的，即在掌握了前一个环节的要点之后才进入下一个环节的学习。值得一提的是，传承人在这个过程中对于工艺制作的细致严谨及其在教学中所表现出来的耐心都能起到示范引领作用，也都是对工匠精神的诠释。在夯实基本功的同时，传承人还会传授辨别材料好坏和质量优劣的方法，这不仅是一项需要掌握的能力，也是一种对自我的监督和要求。基于一脉相传的血缘关系，从内在意愿到外在时间条件，都确保了技艺的精华和真谛能被毫无保留地予以传授。即便如此，言传身教的最终成效也不由传承人左右，而是在很大程度上取决于继承人领悟力的高低及自身能否勤学苦练。终其根本，任何形式的工匠精神培育都无捷径可走。

3. 生活实践

工作是生活不可分割的一部分，尤其是在传统工匠家族中，工作更是与生活相互交融，形成了一种相对特殊的生活模式，生活实践也由此成为工匠精神传承的主要方式之一。一方面，技艺传承贯穿于生活中的耳濡目染，传统技艺的练就离不开经验的积累，相比于基本技艺的传授，这些个人经验的传授不一定在手把手的教学中有明显的体现，而是更多地流露于生活中的不自觉、不经意，继承人需要通过长期的观察和感悟才能领会，也有可能在不知不觉的情况下受到影响。而家族事业的伦常规范和特有的文化传统等，更是通过日常交互的潜移默化和生活实践的重复强化实现代代传承。另一方面，这种独特的生活模式也是传承体系中极为重要的一部分，继承人需要完全适应并将其延续下去。一般来说，传承人从制造到生产再到销售经营整个过程都会让继承人有所体验并逐步参与其中，这也意味着两者的作息时间和劳作习惯需要保持同步。尤其当所从事的工作具有周期性特点时，如原材料的获取受季节限制、销售经营分旺季和淡季等，他们还需要进行调节以适应外部环境。在日复一日的朝夕相处和磨合中，这些都并非难事，但也都是工匠精神培育必经的阶段。此外，当技艺学习进入较为成熟的阶段后，传承人与继承人还将有很长一段实践共事的时间。家族事业的世代传承不是短时间内能完成的，在这一时期，继承人在肩负更多责任的同时，还必须继续学习和提高技艺，传承人在与其共同劳作的过程中对其进行及时指导并给予建议。技艺的精进是一个永无止境的过程，工匠精神在这样的方式下得以传承与升华。

（三）基于家族传承制的工匠精神培育困境

家族传承制具有深厚的历史根基和其他传承方式难以比拟的优势，是结构最为牢固、传承最为全面彻底的传承方式。但它也具有一些自身的局限性，在当前面临着外部环境的严峻考验，基于家族传承制的工匠精神培育也因此陷入困境。

1. 内部因素的制约

由于家族传承制在传承对象的选择上具有"传内不传外"的排他性，故基于家族传承制的工匠精神培育范围也就局限在家族内部，这从一开始就极大地限制了培育对象的数量。工匠精神家族传承的方式以言传身教为主，并未形成标准化的模式，也鲜有详细的文字记录，这使得工匠技艺成为一种个人化的、隐性的知识，传承的过程也处于一种无章可循的状态。若遇到老一辈年迈或离世、家族中没有子嗣或后辈学习的情况，家族技艺将面临失传的危险。培育的时间周期长是家族传承制的特征之一，它是一把双刃剑，在保证传承内容的完整度与深度的同时，也影响了作为继承人的年轻一代的积极性。尤其是在竞争激烈、生活节奏加快的现代社会，即便是一直伴随自己成长的事物，年轻一代也不愿意将大量的时间、精力花费在对传统技艺的重复练习和反复琢磨上，事实上，这也是当代工匠精神衰微的一个原因。随着社会的进步，很多家庭不再需要为温饱问题而担忧，家族技艺也不再像从前一样具有养家糊口、安身立命的属性，年轻一代既看不到家族技艺的实用价值，也没有老一辈的"信念"或"情怀"，难免会认为这是"不必要的"或"过时的"，对传承的任务感到不解甚至产生抗拒心理。"概不外传""父传子而子不受"的种种矛盾，使基于家族传承制的工匠精神培育陷入传承人流失、后继无人的困境。

2. 外部环境的冲击

在我国，沿用家族传承制的多为传统手工业，传统手工业是传承工匠精神最重要的载体之一，蕴含了工匠精神的哲学思想与美学追求，同时体现了其价值追求与价值表征、品格特征与伦理准则[①]。在当代社会，传统手工业蕴含的工匠精神仍具有历久弥新的价值与意义，但现代科技的高速发展和多元文化的碰撞交融，

---

① 漆亚莉：《传统手工艺"工匠精神"的文化意蕴与当代价值》，《广西经济管理干部学院学报》2018年第3期。

使传统手工业的生存空间受到了严重的挤压。尤其是工业化的深入推进、制造业的更新换代，极大地改变了人们的生产方式，新的生产技术的引入甚至直接取代了一些手工业流程。如在首饰设计领域，传统的抛光与切割工艺流程被现代化的机械设备所代替，激光焊接与机械冲压技术使生产效率大大提高，这对传统首饰行业构成了严重威胁。时代的发展也改变着人们的生活方式，大众更倾向于选择快速、便捷且具有同等实用价值的工业制品，对于"老字号"的家族品牌也不再具有过往年代的执着和信任，家族品牌逐渐失去了市场竞争力，即使现如今一些家族已不再靠此为生，但仍无法避免其对传承积极性的影响。发生在传统手工业中的这种消极变化使得蕴藏于其中并与之互为补充、相辅相成的精神文化失去了依附的载体，加之时下仍充斥着工匠地位不高的世俗观念和讲求实效功利的社会风气，种种外部因素都对传统家族技艺的发展构成了强大的阻力，家族技艺传承和文化传承面临着前所未有的危机。

（四）基于家族传承制的工匠精神培育策略

任何事物的发展都不可避免地要经历一个曲折的过程，家族传承制是我国几千年来流传下来的传承途径之一，应予以尊重与支持，同时我们也不得不反思当前所面临的困境，寻找在新时代背景下传承家族技艺、培育工匠精神的有效策略。

1. 提升主体的积极性和传承意识

对于工匠家族而言，技艺不仅是维持生计的手段，更包含责任、使命、热爱、执着、骄傲等超越物质需求的信仰与情感，这也是家族技艺得以生生不息、代代传承的动力和保障。因此，消除内部制约因素的关键在于培养主体的自豪感和责任感，提升其传承的积极性和传承的意识。应通过心传口授、榜样示范、情感培养等途径和方法增强继承人对家族技艺的认同感，不仅激发和培养他们对家族技艺的兴趣，还要让他们感受到作为继承人的责任和义务，心生对家族技艺保护、传承和发扬的使命感。一方面，情感联结是家族传承制区别于其他传承方式的特殊之处，也是传承工匠精神的重要优势。家族技艺和文化的传承可以通过特有的情感互动、开放平等的沟通对继承人产生感化、陶冶和震撼，在互动和沟通中实现两代人之间传承理念的融合，在考虑年轻一代的价值取向与兴趣后合理制订传承计划，而非以"不孝"之名强制要求其被动服从，从而摆脱"父传子而子不受"的尴尬。另一方面，物质和名利也是必须考虑的现实因素。研究发现，传承人的知名度、社会地位、经济收入等在很大程度上影响着家族传承的积极性。对于知名度高、社会影响力大的传承人，后辈接受与自愿继承的可能性较大，而在某些领域里默默无闻，甚至难以维持生计的传承人，其后辈极少表现出强烈的继承意愿。因此，从根本上来看，家族技艺的可持续发展离不开传承人自身的提高和突破，传承人应努力提高技艺水平、打造家族品牌，以得到业界、社会的肯定和认可，从而对继承人的心态产生积极的作用和影响。

2. 优化升级传承内容和培育形式

基于传统家族传承制在现代社会所显现出来的自身局限性，如何在保留其本质属性的同时适应时代发展，弥补短板，优化升级工匠精神的传承内容和培育形式，成为需要重点关注和思考的问题。工匠精神的家族传承以言传身教为主，继承人通过有意识地学习或在不知不觉中受到感染而继承家族技艺和文化，这种方式虽然有其他教育形式所不具备的独特优势，但也存在着不稳定和不系统等劣势。家族内部有必要建立翔实的档案资料或制定一套统一的标准，形成可流传的实体记载，并随着时间的推移和技艺的提升不断对其进行更新和完善，避免造成"人去艺绝"的传承损失。家族传承制是工匠精神传承和培育的重要途径之一，虽然开放多元的社会走向给家族传承制带来了一定的冲击，但也为其提供了弥补自身局限的机会。在这样的社会环境下，家族可以更多地参与社会活动，加强与政府、院校、行业协会、企业等主体的合作，以跨界的形式实现传承的开放性。在一个不断前进、开放多元的社会中，家族传承不可能是一个保持原样的传承过程，将传统的技艺与文化原封不动地传递下去不是一个理智可行的选择，应转变这种传承理念，在保留其标志性内核、优质文化因子的基础上对传承的内容有所改革和创新，赋予其新的生命力。事实上，家族文化既是一份遗产，又是一个不断积累、扬弃的过程，工匠精神本身也包含了对创新和创造的追求，如此一来，家族技艺不但不会落后和变质，而且可以更长久地发展下去。

3. 营造有利于工匠精神家族传承的外部环境

长期以来，手艺人虽具有一定的技艺特长，但社会地位并不高，加之现代化进程的冲击使传统手工制品的市场需求量萎缩，导致传统手工业日益衰落，手艺人逐渐被社会边缘化，年轻一代继承家族技艺的意愿降至低点。由此看来，解决传承危机的关键在于保障传统技艺及家族传承人的社会地位和社会认可度，这不仅需要传承人自我提升技艺水平和不断完善家庭教育，还需要政府和社会各界给予支持，积极营造有利于工匠精神家族传承的外部环境。第一，建设文化传承平台。应以政府为主导，号召行业企业等各界参与，构建传统手工业的服务与宣传平台，宣传展示传统手工业的成品之美及其背后的工匠文化内涵。在当前国家大力弘扬工匠精神的背景下，应将工匠精神与具体的家族产业和传统技艺相结合，将抽象的工匠精神具象化，借助文化传承平台来进行传播和推广，吸引更多的群众，实现文化弘扬和发展的目的，并在市场需求上争取大众消费群体的回归。第二，加强对继承人的保护和鼓励。继承人作为技艺与文化传承的载体，决定了家族传承的兴衰。造成当前传承危机出现的最大因素是继承人传承家族技艺的意愿不高。随着时代的变迁，我们没有立场去苛责继承人对于传承家族技艺所产生的"无意义感"和"无价值感"，而是应该加大政府激励力度。政府可以出台激励措施，如设立资助项目，挖掘和培育继承人；制定科学的审查体系和传承资格等级，为继承人颁发证书并给予必要的经济支持和名誉鼓励。这样做一方面可以改善手工业的发展现状和手艺人的身份地位，另一方面可以缓解继承人的压力，使他们对于职业前景不再担忧，从而提高他们传承家族技艺的意愿。

二、基于企业师徒制的企业职业教育培育

师徒制是一种基于契约关系的师傅带徒弟的技艺传承方式，一般存在于非血亲之间，它的起步虽晚于家族传承制，但也是较为古老悠久的传承方式之一。

（一）企业师徒制的发展背景

师徒制的出现源于第二次社会分工，手工业从农业中分离出来，成为农业的补给行业。伴随着手工业和生产力的发展，人们对手工制品的需求量大大增加，单一的家族传承方式已难以满足市场需求，因而产生了师徒制。在当时，手工业者和家庭作坊普遍会招收一些13～15岁的孩子作为学徒，师傅在实践中对徒弟进行严格的技艺传授，徒弟则逐步学习技艺和积累经验。师徒制在我国有着悠久的历史，虽然在发展过程中由于时代变化经历了从形成到发展、从发展到没落、再到复兴的过程，但无论是在手工业生产阶段还是在工业化发展时期，师徒制一直都是技术教育的主要形式。除了技术教育，师徒制也是文化传承的重要方式，春秋时期孔子广收三千弟子便是典型代表。从更深层次来看，师徒制所承载的不仅是技艺的传承，更是开启和延续了"尊师重教"的价值观念，"国将兴，必贵师而重傅""一日为师，终身为父"这些价值观念根植人心，不仅影响着师徒制的发展，更影响着整个社会的发展。后来，师徒制被运用到企业中，形成了企业师徒制。Kram于1985年针对企业师徒制提出了较为经典的定义，即在企业组织中知识、技术和经验资深者与年轻资浅者之间建立的一种涉及专业技术、人际关系和职业生涯等方面的支持性师徒指导关系。严格来说，企业师徒制不等同于传统师徒制，一方面，企业师徒制是在企业大量出现之后才随之产生的；另一方面，企业师徒制受企业或行会的规范和管理，相对而言更具正式性，属于一种组织行为或广泛意义上的社会行为，而传统的师徒制大多只是简单的师傅带徒弟或由第三

方担保人订立契约，鲜有更高一级的组织对其进行规范，因此更倾向于将其归为个人行为。尽管在形式上有一定的区别，但企业师徒制和传统师徒制的本质并无二致，都是建立在师傅和徒弟之间的指导关系，就此而言，两者是一脉相承的。

（二）工匠精神企业师徒传承的主要类型

根据不同的分类标准，企业师徒制的类型有多种分类方式，从指导内容上看，可以分为工具型（问题导向）与发展型（过程导向）；从组织层级上看，可以分为层级式和非层级式；从参与主体的数量上看，可以分为一对一（一个师傅对一个徒弟）、一对多（一个师傅对多个徒弟）及多对一（多个师傅对一个徒弟）[1]。结合企业师徒制的本质属性和传承工匠精神的主旨，最为恰当的是以指导关系为依据的分类方式，具体可分为教练辅导型、关系守护型、工作协作型及咨询协调型四类[2]。

1. 教练辅导型

在教练辅导型师徒制中，师傅与徒弟之间的互动交流主要围绕组织要求和工作任务等相关内容展开，较少关注个体心理上的变化及需求。具体到工匠精神培育层面，多以匠技和匠术的传授为主，鲜有涉及匠心和匠气的培育。在过程方式上，多采取直接的教导和干预，一般而言，师傅会根据目标为徒弟制订具体的工作和学习计划，明确工作步骤和注意事项；在工作过程中，密切关注徒弟的工作动态，适时给予肯定或批评纠正，并在必要时提供问题的解决方法。这种模式更多的是从师傅到徒弟的单向交流，工作任务、计划、标准、流程等事项基本上是由师傅单独决策后告知、分配给徒弟的。一般情况下，严格的师傅会以工匠精神为导向将标准定得比较高，

---

[1] 郑健壮、靳雨涵：《师徒制综述：回顾与展望》，《高等工程教育研究》2016年第3期。

[2] 王胜桥：《企业员工辅导计划：基于胜任力的视角》，航空工业出版社，2009，第74-77页。

若徒弟能达到标准,则会对其加以肯定和奖励,若徒弟无法达到标准,则不宜苛责和忽视其贡献,应分析问题、继续教导。总体而言,教练辅导型师徒制传承的方式偏狭窄和刻板,留给徒弟自由发挥的空间较小,但在提高技艺方面是实用且高效的,故在工匠精神培育中能起到夯实基础的重要作用。

2. 关系守护型

在关系守护型师徒制中,师傅与徒弟之间的互动交流主要围绕心理、人际关系等个人话题展开,针对组织要求和工作任务的辅导则相对较少。具体到工匠精神培育层面,多以工匠意识和人文精神的培养和提升为主,相比于教练辅导型较少涉及工匠技能的传授。在过程方式上,多采取直接的指导和关怀守护,一般而言,工作任务、计划、标准、流程等事项都是师傅在与徒弟沟通交流的基础上对其有充分的了解后确定的,基于这一点,师傅对徒弟有着充分的信任,相信他一定能做好工作。但如果徒弟在完成工作任务的过程中有处理不当之处或遇到困难,师傅也会随时给予指导和帮助。师傅除了跟进徒弟的工作动态,还会着重关注其心理状态和需求,如对于工作和同事关系是否满意、有何难处或要求等。这种模式下的师徒交流是双向的,师傅基于对徒弟的了解对其进行指导和帮助,了解的源头大多来自徒弟的自我开放,指导行为的本质是"关系"的建立和维护,双方都能从中收获满足感和安全感,即使师傅和徒弟在工作岗位上并没有密切的合作关系,双方仍会感觉站在同一战线、处于同一个圈子中。

3. 工作协作型

在工作协作型师徒制中,师傅与徒弟之间的互动交流和教练辅导型一样,也是围绕组织要求和工作任务等相关内容展开,不同之处在于,工作协作型的师徒互动更多地采取间接方式,师徒双方一般是在工作上有密切合作关系的同事,在共事的过程中,通过指导性协作提升工作效率和徒弟的工作能力。一般而言,师徒会以讨论的形式确定工作任务、计划、标准和流程,并明确划分责任分工。双方在各司其职的同时，师傅会整体把控工作进度和关键点，若发现徒弟遇到难题需要帮助，师傅会及时配合解决问题。指导性协作不仅贯穿于工作过程中，还渗透于事后的工作总结与自我检讨中，在师傅的引领下，师徒双方共同总结成功经验，分析需要改进的地方。这一类型的师徒制不仅能够提升徒弟的技术水平与工作能力，还能通过正式且特殊的关系解除存在于同事之间有意或无意的竞争，降低了产生矛盾嫌隙的可能性，有利于提高工作效率，建立和谐的小组工作氛围，对于组织内部凝聚力的形成起着重要的作用。较为可惜的是，目前工作协作型师徒制在我国企业中采用的并不多。

4. 咨询协调型

在咨询协调型师徒制中，师傅与徒弟之间的互动交流和关系守护型一样，也是主要围绕心理、人际关系等个人话题展开，不同之处在于，咨询协调型的师徒互动更多地采取间接方式，师傅多以建议者和顾问的身份出现，为徒弟提供资源和参考信息。一般而言，师徒间的互动以双向的语言交流为主，在交流中师傅会积极倾听徒弟的心声，较少给出具有明确指导性的建议，而是启发徒弟自己找到解决办法、自己做决策，无论是工作上的事务还是个人方面的问题，最终的决定权往往都掌握在徒弟手中。相较于关系守护型的师徒关系，咨询协调型的师徒之间会有一定的距离感，但在问题的分析和处理上却具有更强的客观性。与教练辅导型的师徒关系相比，咨询协调型的师徒关系偏向开放和自由，留给徒弟自由发挥的空间很大，它对于提升员工士气、促进员工自我了解和潜力激发有着积极影响，在工匠精神培育中能起到推动作用。与工作协作型师徒制面临的情况类似，目前咨询协调型师徒制在我国企业中采用的也不多。

（三）基于企业师徒制的工匠精神培育困境

员工素质的提高和企业的可持续发展离不开工匠精神的培育，

企业师徒制是企业传承工匠精神的重要途径。基于企业师徒制的工匠精神培育在取得一定成效的同时也存在着一些问题，这既影响了员工个人的职业发展，也不利于企业的整体发展。

1. 对工匠精神及工匠精神培育的认知片面化

当前，社会正大力弘扬工匠精神，企业也十分重视员工工匠精神的培育，但仍有包括企业家在内的部分人员并未全面准确地理解工匠精神的本质和意义，有的缺少对工匠精神的认同，认为工匠精神只是一种标语式或口号化的宣传，有的夸大工匠精神的作用，认为有了工匠精神就有了一切的发展空间。存在于企业中的这些片面甚至错误的认知，阻碍了工匠精神的发展，不利于企业工匠精神的培育，直接导致工匠精神培育内容的虚化。其典型表现为在企业内部和企业间的大中小会议上都强调工匠精神的重要性及应该怎么做，但很少有企业能够明确具体的培育内容并逐步实行，甚至有企业把工匠精神培育简单地理解为思想政治教育工作和企业文化宣传工作，基于企业师徒制的工匠精神培育也难免荒腔走板。因此，工匠精神的培育内容需要具体化、细化和量化，如此一来才能达到效果，让工匠精神真正为企业服务。

2. 师徒之间存在适应性问题

在企业师徒制中，师傅一般是具有相当阅历的资深者，徒弟一般是年轻的资浅者，双方在年龄及某些观念上的差异是客观存在的，需要良好的沟通和积极的磨合才能完成对彼此的适应。但从现实情况来看，很多师徒并没有跨越代沟，相互之间缺乏沟通，甚至存在比较严重的沟通问题，这在很大程度上阻碍了师徒关系的发展及双方对传授模式的适应，从而影响了企业师徒制的实施效果。在徒弟群体中有一部分是入职不久的新员工，他们需要面对从学校学生到企业员工的角色转变，要顺利完成这样的角色转变，不仅需要在专业技术和工作业务上付出努力，还需要在心理上完成过渡与适应。但很少有师傅能够主动关心徒弟的生活，在徒弟有情感需要时为其提供支持和帮助。更为棘手的是，企业师徒制的实施甚至起到了不良的作用，由于能力和经验的不足，徒弟在工作中只能扮演辅助角色，长此以往，很容易产生习惯性依赖，个人独立承担任务的能力和创新思维得不到锻炼和提升，也难以认清自身的职业定位和需求，这对其整个职业生涯的发展都会产生不利的影响。这些问题的出现并不代表企业师徒制本身存在缺陷，而在于实施主体的"水土不服"和在实施过程中出现偏差，需要采取有针对性的方法予以解决。

3. 相关主体行动力不强，有流于形式之嫌

虽然基于企业师徒制的工匠精神培育已在很多企业内部开展起来，但仍存在流于形式、没有真正落到实处的问题。具体表现为培育目标不明确、培育方法缺乏针对性及相关负责人的重视和参与程度不够。目标具有指向性，有了明确的目标，企业才知道下一步应该怎么走，员工才知道接下来应该怎么做。基于企业师徒制的工匠精神培育既要适应企业发展的需要，又要符合员工自我发展的要求，但部分企业只是被动地响应国家政策号召，机械地实施一贯延续的制度，高层在做决策时没有提出明确的目标和计划，员工也不清楚该做哪些准备，只能走一步看一步。企业不同于教育机构，在工匠精神培育方面有自身的特点，应采取切实可行的方法和措施最大限度地发挥自身优势。然而，部分企业的培育措施只是泛泛而谈，没有针对性，缺乏企业自身培育特色，其培育效果可想而知。深究起来，这些问题的出现与相关负责人的不重视有关，他们或许认为培育工匠精神并不是直接关乎企业盈利和发展的大事，企业师徒制的开展也只是下级具体部门应该做的事，没必要作出相关部署，从而导致培育目标不明确、培育方法缺乏针对性。可以说，相关负责人的重视和参与程度不够，既是基于企业师徒制的工匠精神培育行动力不强、流于形式的典型表现，也是导致这一问题出现的重要原因。

（四）基于企业师徒制的工匠精神培育策略

工匠精神培育事关企业的可持续发展，是一项具有难度的系统工程。企业需要提高重视程度并长期投入，在理念与文化、管理方法与制度等方面实现转变，充分发挥企业师徒制的作用。

1. 突破个人主义倾向和思想观念的制约

对工匠精神及工匠精神培育的认知片面化，与企业仍抱有急功近利的思想及员工个体的个人主义倾向有关。一方面，身处快节奏的当代社会，一些企业在被淘汰的压力下一味地追求时效性，耐性和情怀在他们看来是奢侈和不必要的；另一方面，一些企业员工仅将职业视为获得工资报酬的渠道，对工作缺乏由内而发的责任感和使命感，更没有将工作与企业发展和社会需要相联系，一切以低层次的自我需要为中心。突破这些思想观念桎梏的关键在于企业文化建设，企业应围绕质量提升和品牌建设树立更高层次的企业愿景，把诚信作为生存的第一法则，厚植工匠精神传承的文化土壤。在企业内部构建更为科学合理的培训体系，将工匠精神培育融入员工的在职教育中，引导他们树立正确的价值观。重新审视企业师徒制的开展过程，明确师徒传承的内容不仅包含技术层面的专业知识和岗位工作经验，还包含精神文化层面的责任意识和职业道德规范。无论是师傅还是徒弟，都要转变观念，师傅不仅要在完成工作任务的过程中为徒弟提供技术方面的指导，更要帮助和监督徒弟形成精益求精的工作习惯和脚踏实地的工作态度，徒弟也要在自身职业素养和心性品德的修炼方面下功夫，逐步成长为德技兼修的工匠型员工。

2. 提升师徒配对和员工发展定位的合理性

提前设计和持续关注企业师徒制在实施过程中的细节，提升师徒配对和员工发展定位的合理性，能有效降低师徒间出现适应性问题的概率，优化工匠精神培育的效果。首先，企业需要进行整体层面的需求分析，综合考虑企业的发展方向、不同工种岗位的特点和员工的现有水平，分析各工种岗位开展企业师徒制的必要性，预估在投入相应的时间和精力后要达到何种目标、取得何种效果，再具体考察员工个体的情况，选择合适的资深者作为师傅，选择具备潜能的资浅者作为徒弟。其次，师徒配对要尽量避免组织直接安排或单向选择，应采取双向选择的方式，上级组织可以根据师徒的学历程度、性别差异及文化背景等信息给出推荐建议，但选择权和决定权在师徒双方手上，因双向选择是基于自由意志之上的，故对于双方而言心理接受和认可程度都更高。再次，在企业师徒制的具体开展过程中，要注重将工作需求和徒弟的个体需求相结合，师傅只发挥引导和辅助作用，协助徒弟找到自身发展定位，避免喧宾夺主或使徒弟产生依赖感。最后，在实施企业师徒制的不同阶段关注的内容应有所侧重，如对于刚刚入职的员工，应尽可能地让其多了解企业传统和背景文化，加速对其企业归属感的培养。

3. 完善支撑工匠精神师徒传承的管理制度

企业师徒制的顺利有效开展需要多方面的支持，尤其是企业管理者的重视，有必要将工匠精神的师徒传承上升到企业战略层面进行顶层设计，把它作为一项长期的甚至是终身的培养方案。短期见效背离了企业师徒制和工匠精神的本质，企业必须克服这种短视行为，建立完善的制度保障企业师徒制的长期贯彻执行。第一，企业应强化过程管理，对师傅与徒弟的相关信息和互动活动登记备案，定期开展调查访谈，及时了解师徒双方的需求和意见并作出反馈。第二，建立激励制度。赏罚分明是制度建设中最为重要的一条，也是调动相关人员积极性的有效手段。将升职加薪与精神激励相结合，加强对师傅的激励，同时不忽视对徒弟的激励，根据定期考核、最终考核标准和考核结果计算师傅、徒弟的最终得分，执行相应的物质奖励与精神奖励。若存在形式主义、敷衍了事的情况，则严格执行相应的惩罚措施。第三，完善评估体系。制定一套兼具科学性和灵活性的考核评价标准，明确具体的指标体系，用于评估企业师徒制的实施效果，衡量徒弟的能力与素养是否达到企业要求和既定目标，并将评估的结果及时反馈给管理者和师徒双方，共同沟通商议，作出相应调整，使其更加合理。

三、基于现代学徒制的学校职业教育培育

现代学徒制源于并推动了现代产业的发展，它既是一种特殊的

校企合作实践形式，也为校企深度融合、工学交替育人提供了制度保障。

（一）现代学徒制的发展背景

一般来说，传统学徒制主要包括古代学徒制、行业学徒制和工厂学徒制，而现代学徒制则是指以20世纪60年代德国"双元制"为代表的当代世界学徒制。通常认为，现代学徒制是将传统的学徒训练与现代的学校教育相结合的一种企业与学校合作的职业教育制度[①]。一方面，传统学徒制在知识与技术的系统传授方面存在较大的局限性，且相比于传统产业，现代产业中技术技能人才的知识与能力结构具有普遍性的科学与标准化技能[②]，获取这种知识与技能更好的途径是学校职业教育；另一方面，学校教育由于缺乏稳定的师徒关系、真实的职业实践环境等，对于学生实践技能的培养与训练不够精深。可以说，时代背景和现实需求催生了现代学徒制的发展，也赋予了它新的特点。

（二）工匠精神现代学徒传承的基本特征

近年来，我国职业教育领域一直在大力倡导和推进产教融合、校企合作，时至今日，虽有部分职业院校能真正将其做实做深做细，并在一定范围内获得了成功，但总体来看，并未取得理想的成效。现代学徒制作为一种更加深入的校企合作人才培养模式，有望助力职业院校在人才培养方面取得实质性突破。

第一，现代学徒制是建立在多元利益相关者权责平衡基础上的，其直接利益相关者不仅包括学校和企业，还包括导师和学徒。一方面，师徒关系是现代学徒制的首要因素，现代学徒制中的师徒关系

[①] 赵志群：《职业教育的工学结合与现代学徒制》，《职教论坛》2009年第36期。
[②] 徐国庆：《我国职业教育现代学徒制构建中的关键问题》，《华东师范大学学报（教育科学版）》2017年第1期。

不同于被打下个体化烙印的传统师徒关系，它不存在人身依附，指导过程中的普适性和教育性更高，这不仅保证了专业技能传授的科学高效，也有利于宽泛意义上的职业文化和工匠精神的传承；另一方面，师徒双方的权利和义务受到合同的规范和保障，学徒作为学校学生和企业学徒的双重身份都受到认可，其参与的积极性也随之提高。

第二，校企双方有了更深的合作，企业的参与形式和参与程度都不同于以往。现代学徒制的实施改变了先学校育人、后企业实践的传统模式，开启了校企分段交替培养的新模式，实现了校企育人形式从泾渭分明到相互衔接、融合的转变。在这样的模式下，企业要全程参与技术技能人才培养过程，主导职业能力标准的制定，参与人才培养方案的制定，共建共享教学资源等。

第三，现代学徒制在夯实专业实践能力的基础上，注重对通用技能、综合素养和自我学习能力的培养，其可贵之处不仅在于能实现职业院校人才培养与企业需求的紧密对接，而且在于能够打破职业教育的功利化怪圈、促进个体职业生涯的可持续发展。

（三）基于现代学徒制的工匠精神培育困境

近年来，职业院校的工匠精神培育看似风风火火，实则充斥着浮躁与功利。职业院校在启发学生认知工匠精神层面有优势，但在将其深化至学生的情感、意志和行为层面则需要企业的支持。然而，由于现代企业建有自己的一套入职培训体系，与院校合作的积极性不高，导致多数校企合作只停留在表层的组织建设上，使基于现代学徒制的工匠精神培育陷入困境。

1. 课程中技能与素养的培育难以兼得

课程是培养学生技能与素养的重要载体，从目前来看，职业院校无论是在专业基础课、实训课还是在公共课方面，都未将工匠精神培育渗透其中，即使有所体现，也只是浅尝辄止，渗透范围小，渗透力也不够。较为普遍的做法是在课程中设置一个关于工匠精神的专题板块，通过介绍杰出工匠的人物故事、展示和分析正反面的典型案例等进行短期的集中讲授，这不失为一种可行的方式，但不能仅靠其"独挑大梁"。一方面，工匠精神的培育是一项系统工程，无法一蹴而就，需要经历一个循序渐进的过程，让学生在长期的实践中设身处地地感受，深入地思考、领悟和总结，仅靠短时间的突击学习难以取得实质性的成效；另一方面，虽然工匠精神是一种精神品质，但过硬的技能、娴熟的技艺是包含于其中的前提和基础，也是打造工匠成果的必要条件。将工匠精神"精神化"，以"重视"之名将其列为独立的教育板块，无形中将其与专业技能的培养划分了界限，从而导致课程中技能与素养的培育融合度不高。尽管大多数职业院校都已意识到这一问题，但并未予以解决。此外，兴趣与热爱是催生工匠精神的源动力，也是个体职业生涯可持续发展的基础。在现有的课程设置和学习氛围下，学生对于未来将从事的职业没有深入的了解，缺乏建立在兴趣和热爱基础上的学习，学习效果达不到预期。唯有逐渐建立学生对所学专业和将从事职业的认同感，才能激发学生的学习动力，有效培养学生的技能和素养，为其职业的长远发展奠定基础。

2. 教学情境与情境化教学的悖论

工匠精神的培育涉及学生在生产工作过程中的行为表现和操作规范，这就需要依托真实的情境展开教学，让学生在其中得以历练。当前，一些职业院校已经创设了先进的仿真教学情境，如建立了仿真车间，打造了VR虚拟教学实训系统等，但在利用情境、融合情境进行教学方面仍停留在初级阶段，并未真正实现教学内容与职业标准、教学过程与生产过程的对接。究其原因，一方面，没有以明确的工作任务为载体，没有将实际岗位所需的技能细化到每一个教学单元中；另一方面，没有基于工匠型人才培养要求实施标准化、规范化的评价。事实上，有效的教学评价不仅能检验学生知识和技能的掌握程度，还能使学生形成判断力和自我监督能力，树立质量意识和责任意识。但多数职业院校仍沿用传统的评价标准和评价方式，缺乏对企业标准、要求的参照和对工匠精神的考察，也鲜少给出基于情境的过程性评价。凡此种种，无形中形成了一个悖论性问题，即教学情境原本是服务于情境化教学的，但现实的情形是职业院校花大力气在教学情境中营造真实的企业生产环境，却并未将企业管理标准和企业文化融入实践教学，情境化教学陷入了"有名无实"的尴尬境地，学生的技能与素养也无法达到预期的目标。

3. 教师应然作用与实然作用发挥的偏差

教师是工匠精神培育的重要力量，也是学生在学习过程中的主要参照对象，教师在学生技能学习和精神内涵塑造方面发挥着重要作用。但从实际情况来看，教师的作用还有待进一步提升。一方面，随着现代产业发展对人才要求的不断提高，学生既需要学习通用性知识与技能，又需要获得岗位所需要的特殊性知识与技能，后者的获取依赖于具有精湛技艺的"工匠型"教师，目前职业院校的专职教师缺乏企业实践经历的不在少数，他们通常不具备这样的经验和能力。引入企业兼职专家可以有效解决这一问题，但技艺高超的工匠若不具有一定的教育基础和指导能力，也无法成为优秀的教师，所以职业院校在不作出改变的情况下依然难求完美。另一方面，工匠精神的培育是一个潜移默化的过程，在理想的教学方式与师生关系下，教师能通过教学行为和日常交流对学生产生持续性的影响，为学生树立人格和技能榜样，在一点一滴的学习和熏陶中有效培育学生的工匠精神。可惜的是，很多教师并没有意识到自己为人师表所能产生的作用，在教学实践中未能与学生形成共同体，无论是课中还是课后，与学生的交流都不够密切，在学生技能和素养的培养方面发挥的作用还处于较低的程度。虽然职业院校一直在不断加强师资队伍建设，但就现状来看，教师所发挥的实然作用与应然作用之间仍存在较大偏差，这也意味着工匠型人才培育还有很长的路要走。

（四）基于现代学徒制的工匠精神培育策略

基于现代学徒制的工匠精神培育存在着以上种种困境，如何摆脱这些困境呢，以下给出几点策略。

1. 完善基于文化融合的校企合作机制

当前，学校与企业往往基于自身利益需求开展合作，但要想实现可持续的深度合作和真正意义上的人才共育，双方在合作中进行文化融合是必由之路。从宏观角度而言，基于文化融合的校企关系不再是纯粹的利益交换或指导与被指导的关系，而是双方经过文化上的交流碰撞所形成的相互影响、共同探索和成长的合作关系。一方面，现代学徒制以自觉约定和制度保障落实双主体的责任，是促进校企文化融合的纽带；另一方面，现代学徒制的持续深入推进必须建立在这种平等共进的基础之上。

让学生将工匠精神内化于心、外化于行需要经历一个长期的过程，这需要学校与企业共同努力。学生在企业当学徒期间应深刻感受企业文化，以工匠的标准实现自我检验和提升。学生在校学习期间，学校也要将企业文化与校园文化融入，将企业文化和校园文化渗透到学生的学习和生活中。此外，学校在教学场地的建设布局方面要参照现代企业工作场所设计，利用标语、看板、图册等载体体现产业文化和工匠文化；在教学管理过程中也要参照现代企业生产管理模式，制定严格的教学管理制度。

2. 构建学习过程与职业生涯相融合的教学体系

重构技能与素养并重、学习过程与职业生涯相融合的教学体系，是工匠精神培育的核心。职业院校应对接行业准入资格标准和岗位资格标准，解构课程内容，将"毕业证""职业资格证""准入资格证""企业岗位资格证"的要求进行融合，构建"四证合一"的课程体系，打造"公共基础课程""准入资格课程""岗位资格课程"等课程模块。校企双方进一步深化校企合作育人制度，改变传统的先学校育人、后企业实践的"一分为二"的模式，采取"校企轮换、工学交替"的教学组织形式，实行"在校基础课程学习—企业学徒见习—在校岗位任职基本技能学习—准入资格培训考核—企业顶岗实习—岗位资格培训考核"分段交替培养模式，实现学校与企业的无缝对接。校企双方应让学生在实际工作环境中深入了解所学专业并对将从事的职业产生认知，进而产生学习的热情，逐渐建立对职业的认同感和归属感；让学生充分感受企业员工的工作方式、工作内容、工作技能、工作态度等，并将其转化为自身的行为习惯和职业态度，提前实现从学生身份到员工身份的转变。

3. 校企共同建设双导师队伍

校企共同建设一支技术精深、教学能力强、师德高尚的"企业师傅+学校双师型教师"的双导师队伍，这是工匠精神培育的关键所在。要确保导师在教学过程中一直对学生起到积极的影响，必须高度重视导师队伍的建设。学校应打通"双师型"教师成长通道，建立并执行新教师任教前顶岗锻炼、老教师阶段性定期顶岗培训制度，让教师在提高实践水平的同时，了解最新企业职业岗位任职要求，把握工匠型人才培养方向。学校还应引进企业技能大师、能工巧匠，商讨完善人才培养方案，修正课程体系与课程内容，推进专业教学改革。企业应制定明确合理的师傅遴选制度，严格执行遴选标准，遴选出来的师傅既要具备精湛的技艺，又要具备一定的教学能力，能够灵活运用适宜的教学方法培养学徒。企业还应提供师傅带培津贴，在给予师傅适度的带徒自主权和指导自主性的同时，定期对师傅进行考核，以学徒的反馈来完善教学内容和教学方式。在理论教学与实践教学交替进行的模式下，学校和企业应使"教师"与"师傅"有效融合和对接，在整个现代学徒制人才培养的过程中，把"导师"的角色作用充分发挥出来。此外，导师应加强与学生的沟通和交流，发挥示范和表率作用，随时随地、全方位地指导和纠正学生的言行。

第八章

职业教育系统培育工匠精神的保障体系

工匠精神越来越受到国家和整个社会的重视，厚植工匠成长的沃土已成为国家意志和全社会的共识。职业院校是培育工匠精神的主阵地，职业教育系统培育工匠精神是服务国家战略实施的重要途径，是实现产业转型升级的现实需要，是推动职业院校可持续发展的重要因素，是技术技能人才职业生涯发展的助推器。但工匠精神的培育不是一蹴而就的，需要从组织、政策、环境、经费等方面予以保障，并从人才体系构建、人才培养模式改革及师资、平台等方面加强技术技能人才培养体系建设，从而实现工匠精神培育的目标。

一、加强组织保障

要坚持国家主导、政府统筹、地方为主、分级管理的管理体制。工匠精神的培育是一项系统工程，需要做好顶层设计，强化组织保障，形成上下合力，多部门协同培育工匠精神。

国务院相关部门应有效运用总体规划、政策引导等手段，加强对工匠精神培育的统筹协调和分类指导；地方政府要切实承担主要责任，结合本地实际推进工匠精神培育，研究制定具体实施方案，细化政策措施，明确责任分工，探索解决实际培育中的难点问题，确保工匠精神培育落实到位。要加快政府职能转变，充分发挥相关工作部门联席会议制度的作用，形成工作合力。

教育主管部门应把工匠精神培育作为衡量院校办学水平、考核院校领导班子的重要指标，将其纳入职业院校教育教学评估指标体系和专业群评估指标体系。将工匠精神培育情况写入高职高专教学质量年度报告和毕业生就业质量年度报告，接受社会监督。要注重发挥行业、用人单位作用，积极支持第三方机构开展评估，将考核结果作为政策支持、绩效考核、表彰奖励的重要依据。

各地区、各职业院校应充分认识工匠精神培育的重要意义，加强指导管理与监督评价，健全工作机制，统筹推进本地本校工匠精神培育工作。各地区要成立工匠精神培育专家指导委员会，开展技术技能人才工匠精神培育的研究、咨询、指导和服务工作。各职业院校要落实培育主体责任，把培育工匠精神纳入学院改革发展重要议事日程，成立由校长任组长、分管副校长任副组长、有关部门负责人参与的工匠精神培育工作领导小组，建立教务部门牵头，学生工作处、团委等部门齐抓共管的工匠精神培育工作机制。

二、加强政策保障

（一）加强政策引导

深化市场准入制度改革，及时进行产品质量和服务标准更新，倒逼市场主体提升产品质量和服务质量；推行企业产品和服务标准自我声明公开和监督制度，强化企业社会责任；提高工匠地位待遇，落实技术技能人才医疗、养老、就业等政策；落实就业保障制度，创造各类人才平等就业的环境；推动职业院校毕业生更高质量、更充分地就业，减少技术技能人才流失；鼓励企业建立高技能人才职务津贴和特殊岗位津贴制度，按照国家现行法律法规的有关规定，对符合条件的高技能人才给予股份和期权等激励措施；提高相关表彰奖励中技术技能人才的比例；鼓励企业和其他用人单位按照国家有关规定建立技术技能人才表彰奖励制度；按照国家有关规定制定国家高技能人才评选标准和办法，选拔各级各类一线能工巧匠和技术能手，鼓励其在一线岗位建功立业和带徒传承技艺；制定职业教育校企合作促进办法，明确行业支持职业教育的职责和企业参与职业教育的社会责任，建立激励和制约机制，加强校企合作，推动产教深度融合；改变企业参与职业教育的被动地位，通过直接拨款或税收减免方式给予企业人才培养费用补偿，提高企业参与人才培养的积极性。

（二）加强立法保障

修订《中华人民共和国职业教育法》，明确职业教育工匠精神培育的模式、相关培育主体及其权责利，规范工匠培养全过程的人才质量标准、组织机构、运行方式和资格证书等内容，明确"工匠之师"的法律地位、任职条件和权利义务。修订《中华人民共和国劳动法》，提高劳动者的报酬、福利及职业发展机会，为技术技能人才提供良好的发展环境；结合现代企业制度，完善内部晋升通道，打通技技能人才成长通道和晋级渠道；建立企业内部激励制度，联合工会，激发劳动者的内在积极性，维护其基本权利。修订《中华人民共和国劳动合同法》，建立现代学徒制学徒合同法，从法律上规范企业对学徒的雇佣和解聘制度，明确学徒的双重身份，详细规定工匠精神培育中校企双方的权利和义务及具体的学习时间和考核内容，保障学徒的人身安全和利益。

三、加强环境保障

（一）营造良好氛围

要在全社会弘扬工匠精神，提高社会对工匠价值的认识和对工匠精神的认同，在全社会形成"崇技尚艺"的良好氛围；加大工匠精神宣传力度，深入挖掘和大力宣传高素质劳动者和技术技能人才的先进事迹和重要贡献，宣传"爱岗敬业、精益求精、勇于创新"的工匠精神；引导全社会树立尊重劳动、尊重知识、尊重技术、尊重创新的观念，树立劳动最光荣、劳动最崇高、劳动最伟大、劳动最美丽的观念，树立依靠辛勤劳动、诚实劳动、创造性劳动开创美好未来的观念，促进形成"劳动光荣、技能宝贵、创造伟大"的时代风尚，提高工匠精神的社会影响力和吸引力；积极探索有效的方式和途径，形成常态化、长效化的职业精神培育机制，重视崇尚劳动、敬业守信、创新务实等精神的培养；充分利用实习实训等环节，增强学生的安全意识、纪律意识，培养学生良好的职业道德；教育引导学生牢固树立立足岗位、增强本领、服务群众、奉献社会的职业理想，增强对职业理念、职业责任和职业使命的认识与理解。

（二）提高工匠地位和待遇

努力转变社会对职业教育和工匠的看法，形成劳动光荣、尊重技术技能人才的良好社会风气，形成尊崇工匠、争做工匠的职业价值取向，促使更多年轻人坚定自己的职业选择，义无反顾地投身到技术工作中去；提高工匠待遇，改变工匠"工资收入低""社会处境尴尬"的状况，消除工匠的后顾之忧，让工匠专注于工作，忠诚于职业选择。

（三）举办职业院校技能大赛和职业教育宣传周活动

职业院校技能大赛及职业教育宣传周活动，是对职业教育工匠精神培育过程、培育典型案例、培育质量的全面展示和宣传。要完善各级各类技能大赛制度，扩大职业院校技能大赛的专业覆盖面；要将技能大赛内化到日常教学工作中，作为一种常态化工作；通过"以赛促教、以赛促学、以赛促改、以赛促建"，改革人才培养模式，提高教学质量，提升职业院校的核心竞争力和影响力；通过技能大赛，给予优秀的技术技能人才以表彰和荣誉称号，使其获得来自社会和市场的肯定和褒奖。

四、加强经费保障

（一）落实财政性职业教育经费投入

通过调整优化财政支出结构、加强规划、制定标准等措施，加大各级政府对职业教育的投入。国家要加大经费投入，优化教育经费支出结构，加大对职业教育工匠精神培育的经费支持；充分发挥财政资金的引导作用，加大对培育的重点领域和薄弱环节的投入，要给予工匠精神培育贡献较大的职业院校和行业企业更多的经费支持。地方政府要建立工匠精神培育经费绩效评价制度、预决算公开制度等；加强职业院校工匠精神培育师资、平台等建设信息的公开。职业院校要优化支出结构，统筹学费收入及其他各项事业收入资金，加大对工匠精神培育项目的经费支持力度，提高资金使用效益。

（二）充分利用社会资本培育工匠精神

国家应鼓励社会各界，特别是相关行业企业参与工匠精神培育，支持校企合作，整合社会资源，缓解政府主导的办学压力，为技术技能人才培养注入活力。职业院校要多渠道筹措经费，扩大社会合作，形成多元化投入、合力支持的格局，主动与具备条件的企业在人才培养、技术创新、就业创业、社会服务、文化传承等方面开展合作。

（三）加强对资金使用情况的监督

落实专款专用，确保经费用于学生职业能力培养、师资队伍建设、课程开发、实训基地建设等方面。政府要对资金使用的全过程进行监督、检查，明确各方责任，对资金使用不当的情况进行责任追究，并予以纠正，确保资金使用规范，切实为工匠精神培育提供保障。职业院校要制定相应的管理制度，加强经费管理，强化有关职能部门管理、指导、监督和服务的职责，对经费的使用进行检查与审计，并对经费使用效益作出评估。

五、加强技术技能人才培养体系建设

（一）推进人才培养模式的改革与创新

高职院校应结合职业教育人才培养的特点，不断深化人才培养模式改革，提高学生职业素养和职业能力，强化学生的专业技能，使学生养成爱岗敬业、精益求精、勇于奉献的职业精神。要结合经济发展对技术技能人才职业素养的要求，按照专业设置与产业需求对接、课程内容与职业标准对接、教学过程与生产过程对接的要求，由校企双方共同研究制定人才培养方案，及时将新技术、新工艺、新规范等纳入人才培养标准和教学内容，与时俱进地调整人才培养目标、培养方案、教学内容及考核标准。

（二）加强和推进职业院校"双师型"教师队伍建设

高职院校应引进院士、国务院特殊津贴获得者、省级以上技能大师等高层次、高技能人才到院校担任大师、名师和专业建设领军人才；遴选和打造具有高尚师德、高超技艺和优秀教学能力的技能大师、教学名师、专业（群）带头人、青年骨干教师等高水平人才队伍；定期选派教师到企业下厂顶岗、挂职锻炼，到国外进修学习；建立职业院校兼职教师库，联合行业企业，聘请企事业单位高技能人才、能工巧匠、非物质文化遗产传承人等到职业院校担任兼职教师；推进教师教学创新团队建设，开展协同创新、联合攻关，实现师资整合、资源共享、优势互补；加强国家级和省级"双师型"教师培养培训基地建设，发挥基地资源共享、开放服务的作用，在教师培养培训、团队建设、科研教研、教学资源开发等方面提供支撑和服务；挖掘师德典型，讲好师德故事，大力宣传职业教育领域内的"时代楷模"和"最美教师"，弘扬劳模精神。

（三）积极搭建校企合作平台

各级政府应继续支持行业企业、科研机构、职业院校共同组建职教集团，以平台为载体，统筹多方资源，强化校企协同育人机制，推动教育链与产业链有机融合。高职院校应加强校企合作平台建设，架起学校与企业之间的桥梁，有效整合学校和企业的教育资源，通过职教集团、协同创新中心、工匠培养基地多种平台，打造工匠精神培育校企命运共同体，推动职业院校工匠精神培育工作。

第九章

航空工匠新生代人才培养实践

培育工匠精神，教育是不可或缺的重要手段。职业院校承担着让学生"人人能成才、个个能出彩"的重要使命，需要传承精益求精、敬业奉献、追求至善的工匠精神，培养学生独特的、具有创造性的文化价值观。这不仅是职业院校生存和发展的需要，更是激发职业院校学生"生活精彩、人生出彩"的基石所在。

航空工业被誉为"现代工业的皇冠"，是一个国家科技、工业实力的重要体现。一代又一代的中国航空人秉承"忠诚奉献、逐梦蓝天"的航空报国精神，把对祖国、对人民、对事业的无限热爱融于血液，自强不息、锐意探索、勇于突破，将一座座丰碑镌刻在祖国的蔚蓝之上。

近年来，我国航空产业快速发展，急需大量高端技术技能人才，这对航空类职业院校来说既是发展良机，也是严峻挑战。

长沙航空职业技术学院（以下简称长沙航院）创办于1973年，隶属于空军装备部，是全军唯一一所国民教育性质的高等院校，为空军航空装备修理和国家航空产业发展培养高端技术技能人才是其立足之本、职责所在。2015年以来，长沙航院主动适应航空产业快速发展的新形势，以飞行器维修技术专业、飞机电子设备维修专业为试点，积极开展"学院+企业+行业"的"三元制"现代学徒制人才培养试点工作，将工匠精神培育融入航空人才培养的全过程，构建"塑匠魂、践匠行、铸匠技、育匠人"的航空工匠新生代人才培养体系。

一、实施背景

2014年，《国务院关于加快发展现代职业教育的决定》提出，开展校企联合招生、联合培养的现代学徒制试点。2015年，《高等职业教育创新发展行动计划（2015—2018年）》提出，支持地方和行业引导、扶持企业与高等职业院校联合开展"现代学徒制"培养试点。可以说，现代学徒制是全面实施素质教育、促进职业精神与职业技能培养高度融合、培育工匠精神的重要举措。

为进一步深化产教融合、校企合作，创新校企协同育人机制，培养满足航空产业发展需要的兼具工匠精神和精湛技艺的高素质技术技能人才，长沙航院联合行业和企业大力开展现代学徒制试点工作。2015年9月，飞行器维修技术专业和飞机电子设备维修专业首届现代学徒制试点班级正式开班，由学校教师和企业师傅开展双导师教学工作，实行工学交替、分段培养，共同探索"学院+企业+行业"的协同育人机制，形成了基于"三元制"的"3482"（三方、四证、八段、双导师）人才培养模式。

二、实施方案

（一）项目实施的必要性与可行性分析

1. 项目实施的必要性

（1）推动职业教育与产业深度融合的需要。职业教育是与社会经济发展联系最为紧密的一种教育类型。职业教育要服务区域经济发展，助力产业转型升级，就必须培养适应社会经济发展需要的人才。现代学徒制是职业教育主动适应当前社会经济发展要求，深化产教融合、校企合作的有效途径。

（2）探索职业教育人才培养模式改革的需要。现代学徒制将职业教育体系和劳动就业体系相互融通，实行工学结合、知行合一的培养模式，是人才培养模式改革的有效尝试，开展现代学徒制试点将为职业院校人才培养提供范式或借鉴。

（3）培养高素质技术技能人才的需要。现代学徒制能实现培养职业技能和职业精神的有机统一，开展现代学徒制试点有利于培养学生的社会责任感、创新精神和实践能力。

（4）学习和借鉴职业教育发达国家先进模式的需要。学习和借鉴职业教育发达国家现代学徒制在"职业学校—产业培训中心—企业"三个场所完成的人才培养模式，探索"学院+企业+行业"的"三元制"人才培养模式。

2. 项目实施的可行性

（1）学院开展校企合作有良好的基础。学院牵头成立了"航空职业教育与技术协同创新中心"，组建了协同创新联合体，形成了校企合作长效机制。学院与多家工厂开展了订单式人才培养、新进员工培训工作，在产学研合作基地共建、课程体系开发、教学团队共建、技术服务共享等领域深度合作，这些都为开展现代学徒制试点工作奠定了良好的基础。

（2）空军航空装备修理企业转型升级对技术技能人才有迫切要求。现代航空装备技术发展日新月异，不同型号的航空装备对维修人员知识和技能的要求各不相同。空军航空装备修理企业与职业院校合作，将企业岗位任职标准贯穿于学历教育的全过程，实行校企合作育人，有利于培养针对专门装备型号的技术技能人才。

（3）在空军航空装备修理系统从业资格认证方面的经验为推行"三元制"奠定了良好的基础。学院承担了空军航空装备修理系统企业从业资格标准编制工作，从2007年起开始承担空军航空装备修理系统从业资格培训与考核工作，积累了丰富的经验。

（二）人才培养方案及推进举措

1. 定位人才培养目标

与企业专家共同分析岗位任职要求，联合培养从事飞行器维修与维护、产品质量检测及生产管理工作，具有良好职业道德、专业技能与职业生涯发展基础的技术技能人才。

2. 制定人才培养方案

对接合作企业岗位任职资格要求，解构知识、能力、素养，校企共同制定专业建设标准和人才培养方案，实行校企合作育人，由空军航空装备修理系统从业人员资格考核认证中心（以下简称资格考核认证中心）组织行业准入和从业资格认证。

3. 开发课程体系与标准

与企业专家共同构建基于岗位任职资格的"专业基础课程+准入课程+从业课程"的模块化课程体系。准入课程融入空军航空装备修理系统从业人员准入资格标准，从业课程对接岗位对应的产品型号和职业标准。企业、学校、资格考核认证中心共同开发专业教学标准、课程标准、岗位标准和质量监控标准等。

4. 出台"准员工"制度

合作企业出台"准员工"制度，与学院共同制定招生与招工方案，签订学校、企业和学生（准员工）的三方协议，明确各自的责任、权利和义务。

5. 改革招生制度

一方面充分利用学院单招自主权，与合作企业联合招收具有一定文化知识（高中或中专以上）的企业员工和应往届毕业生；另一方面探索注册制，采取注册入学方式。

6. 改革教学模式

实行弹性学制，学制为 2~5 年。在教学过程中采取"校企轮岗、工学交替"的教学组织形式，根据不同阶段的需要，在学校、企业和资格考核认证中心组织学习和实践。实行学分制，建立学分互认和学分积累与转换制度。

7. 改革评价模式

以能力为标准，改革以往学校自主考评的评价模式，将学生自我评价、教师评价、师傅评价、企业评价、社会评价相结合，引入资格考核认证中心作为第三方评价机构。

8. 完善制度建设

制定和出台《校企联合招生招工制度》《准员工管理制度》《学分制和弹性学制管理办法》《教师互聘互用管理办法》《企业兼职教师教学能力提升管理办法》等制度文件。

（三）具体实施步骤

第一阶段：前期准备（2015 年 3 月~2015 年 4 月）
（1）与合作企业签订现代学徒制试点合作协议。
（2）成立项目组织机构，制定试点工作实施方案。
（3）制定联合招生与招工方案。
（4）制定现代学徒制人才培养方案。
第二阶段：联合招生与招工（2015 年 4 月~2015 年 7 月）
（1）做好单独招生和高考录取工作。
（2）签订学校、企业、学生三方协议。
第三阶段：联合培养（2015 年 9 月~2020 年 8 月）
（1）开发现代学徒制试点专业课程标准、实习实训考核评价标准、教学质量监控与评价标准等。
（2）选拔与聘任双导师。

（3）制定现代学徒制管理制度。
（4）合作开发共享型教学资源。
（5）开展现代学徒制人才培养质量评价工作。
（6）组织行业准入资格考核和从业资格考核认证。

第四阶段：总结与推广（2020年8月～2020年12月）

总结现代学徒制试点工作的成果与不足，并推广应用。

（四）项目预期的成果和效果

1. 成果形式

（1）构建对接岗位任职资格的"三元制"现代学徒制人才培养模式。

（2）开发现代学徒制试点专业人才培养方案，构建基于岗位任职资格的课程体系。

（3）开发岗位标准、课程标准、数字化教材及虚拟实验实训实习等共享型数字资源。

（4）形成一套现代学徒制管理制度，包括招生制度、教学管理制度、学生（准员工）管理制度等。

2. 预期推广应用范围和受益面

先在学院的两个专业进行"三元制"现代学徒制人才培养模式试点工作，成功后再在对行业准入资格有严格要求的企业、学校、部队及获得岗位任职能力即可就业的企业、学校进行推广应用。受益群体包括参与试点工作的企业、学校、学生和部队。

（五）试点保障

1. 支持政策

（1）校企协商制定《校企联合招生招工制度》，扩大自主招生范围，探索招生与招工方式、内容和录取办法，明确学校、企业和学生（准员工）三方的权利、义务和责任。

（2）积极争取主管部门和教育行政部门的政策支持，探索如何对企业招收的准员工实行注册制。对经过培训且考核达到要求、取得行业准入资格和从业资格的准员工，发放相应的学历证书。

（3）与合作企业制定《准员工管理制度》，明确现代学徒制试点专业学生的企业准员工身份，明确学徒期间报酬，落实学徒的责任保险、工伤保险等，为学徒安排岗位、分配工作任务，保障学徒的权益和安全。

（4）与合作企业制定《学分制和弹性学制管理办法》，明确学生（准员工）在学校学习、企业学习、岗位作业过程中的学分计算办法，实行学分积累和转换制度，探索2~5年弹性学制管理办法。

2. 经费保障

（1）经费筹措。学院依托行业背景优势，发挥办学品牌效应，积极争取行业企业和合作单位的支持，多渠道、多途径地筹措资金，保障项目建设。合作企业按照项目实施的要求，制定相关制度，足额投入经费，保障项目的实施。

（2）经费管理。学院与企业联合制定《现代学徒制试点项目专项资金管理办法》，按照国家有关财务制度，严格执行财经纪律和经费管理制度，将专项资金纳入学院和企业财务统一管理，实行专款专用、专账管理。严格执行采购招标和资金使用监管制度，由学院和企业的纪检、审计等部门共同对资金使用计划和使用情况进行监控。

3. 师资队伍建设

学院与企业联合制定《教师互聘互用管理办法》《企业兼职教师教学能力提升管理办法》和《专任教师下厂顶岗实践锻炼管理办法》等制度文件。校企双方遴选专业能力突出、教学理念先进、技术基础扎实、动手能力强的教师和师傅担任指导教师，实行校企双主体育人制度。落实企业兼职教师职数、责任、授课津贴、带徒津贴和考核要求。将学院指导教师的企业实践、技术服务纳入教师考核，在职称晋升、评先评优方面予以政策倾斜。加大学校与企业之间人员互聘共用、双向挂职锻炼、横向联合技术研发和专业建设的力度。

4. 教学资源建设

（1）组织成立由主管教学副院长担任组长，系部领导与骨干教师、企业兼职教师任组员的教学资源建设工作小组。

（2）根据专业发展需要，及时更新或添置专业教学设备，引入空军航空装备修理领域最新技术标准。

（3）从合作企业筹集专业实践教学设施与设备，完善教学资料。学校教师与企业专家合作开发对应产品型号和岗位要求的工学结合专业课程。

（4）制定课程标准，制作实训工卡、题库及教学课件，编写工学结合教材，为现代学徒制试点工作提供定制的教学资源。合作企业充分发挥产品技术资料齐全、设备先进等优势，利用岗位平台或企业培训中心为项目实施提供资源保障。

5. 实训基地建设

（1）加强实训条件建设。与合作企业共建飞机维修、导弹维修等虚拟实训室；补充企业现役装备，完善发动机维修等校内实训室；与企业共建产学研实训基地。

（2）推行实训教学现场星级评价管理体系。实训教学现场全面推行 6S 管理制度，将合作企业先进的管理理念、管理方法与企业文化引入校内实践教学环节，实现文化对接；引入合作企业生产现场管理要素（人、机、料、法、环、测），完善评价体系；借鉴合作企业管理经验，大力开展标准化管理；引入"敬仰航空、敬重装备、敬畏生命"和"零差错、无缺陷"等航空产业文化理念，加强实训室文化建设。

6. 组织管理保障

（1）成立现代学徒制试点项目建设领导小组。由长沙航院院长任组长，航空企业负责人任副组长，校企双方相关职能部门领导为成员，负责项目的决策与监督。

（2）成立现代学徒制试点项目管理办公室。以长沙航院产学合作处和企业人力资源处等职能部门领导为主要成员，成立现代学徒制试点项目管理办公室，负责处理日常具体事务。

（3）成立现代学徒制试点项目实施小组。以长沙航院航空装备维修工程学院、航空电子电气工程学院及企业相关职能部门为主要成员，成立现代学徒制试点项目实施小组，负责项目的具体实施。

（4）建立健全项目管理制度。制定《校企合作管理办法》《现代学徒制试点项目管理办法》《现代学徒制试点项目评价与考核办法》《现代学徒制试点项目专项资金管理办法》等一系列制度文件，做到目标明确，管理和考核有据可依，为项目实施提供制度保障。

（5）建立项目管理三级负责制。建立项目负责人业务负责制和逐级负责制，院、系、专业团队逐级签订责任书，明确各级项目负责人和项目团队的责、权、利，做到分工明确，责任到人、监管到位。

（6）落实项目奖惩激励机制。严格执行《现代学徒制试点项目管理办法》，将项目完成情况作为考核相关部门和责任人的重要指标，并与评优评先、年度考核、职称和工资晋级直接挂钩。对项目建设取得良好成效的人员，根据贡献大小给予奖励。

（7）严格执行资金使用管理制度。制订详细的分项目、分年度的资金使用计划，保证项目资金完全用于项目实施。对项目实施做到事前充分论证、事中监控管理指导、事后效益监测评价的全过程监控和考核。

（8）健全过程监控机制，确保项目进度和质量。制定并下发文件，确保项目实施的规范性和有效性。实施校企信息互通例会制度、项目实施月报制度、学期绩效评估制度、年度评估制度和项目逐级验收制度，强化进度管理，严格控制进度。在项目实施过程中坚持过程检查、及时反馈、动态调整原则，及时发现实施过程中的问题，适时调整措施和方法解决问题。加强文档资料、成果的归档整理，指导和规范管理过程，使每项工作有制度、有计划、有步骤、有检查、有记录、有考核、有奖惩。按相关部门要求，定期反馈和通报项目实施的过程情况，确保按期完成项目。

三、实施过程

长沙航院先后招收现代学徒制试点班学生177人，由学院、企业、行业三方联合制定飞行器维修技术、飞机电子设备维修两个专业的人才培养方案，对接企业岗位任职资格，构建"四证合一"（毕业证、职业资格证、准入资格证、企业岗位资格证）的课程体系，开发人才培养方案3个、专业核心课程20门、工学结合教材17本、企业员工岗位标准103份，建设实训教学数字化工卡等教学资源40个，联合开展横向技术攻关课题项目5个，出台现代学徒制制度文件19个，申报实用新型技术专利成果1项，开展现代学徒制人才培养试点课题4项，发表论文10余篇。2016年12月，项目负责人受邀在教育部举办的首批现代学徒制试点项目经验交流活动中作典型经验发言，华东师范大学、湖南师范大学、哈尔滨轻工业学校等院校先后来校调研学习现代学徒制试点工作经验。

（一）推进招生与招工一体化

长沙航院自被教育部确定为首批现代学徒制试点单位后，先后成立了现代学徒制试点项目建设领导小组、现代学徒制试点项目管理办公室和现代学徒制试点项目实施小组。一方面，校企共同制定联合招生与招工方案、拟定三方协议、研制人才培养方案、遴选学校教师和企业师傅等，加快现代学徒制人才培养的组织实施准备；另一方面，在2015级新生班级开展现代学徒制宣讲活动，遴选有意向的学生签订学校、企业和学生三方协议，明确学徒的企业员工和院校学生双重身份。2015年，学院与企业联合招收飞行器维修技术专业学生62人、飞机电子设备维修专业学生20人，探索实行招生即招工、入校即进厂、行企校交替人才培养模式。2016年，学院与企业联合招收飞行器维修技术专业学生23人、飞机电子设备维修专业学生20人。2017年，学院与企业联合招收飞行器维修技术专业学生32人、飞机电子设备维修专业学生20人。

（二）重构"四证合一"的能力递进课程体系

针对空军航空装备修理系统从业人员实行严格准入制度的特点，在资格考核认证中心的指导下，学院与企业共同分析学徒从业岗位要求，解构课程内容，将毕业证、职业资格证、准入资格证、企业岗位资格证相互融合，重构课程模块，构建了"毕业证（学校考核）+职业资格证（学校考核）+准入资格证（行业考核）+企业岗位资格证（企业考核）=从业资格证（行业认证）"四证合一的课程体系，由行企校共同制定人才培养方案，实现人才培养与职业资格、岗位资格、从业资格的有效对接。

（三）加强"双师型教师+企业师傅"双导师队伍建设

实行"双师型教师+企业师傅"的双导师制。长沙航院聘请企业飞机维修技能大师组建大师工作室，聘请企业的金牌蓝天工匠作为学校的专业教师，由他们指导专业建设、课程改革、实训室建设及带培青年骨干教师。学院选派11名具有中级双师资格的教师承担现代学徒制班级在校学习期间的教学任务，从企业聘请11名技术能手担任兼职教师到校任课。在学徒下厂见习、实习期间，企业根据现代学徒制教学要求遴选82名技术骨干人员担任学徒的带培师傅，并签订师徒带培协议，实行师徒结对培养，指导学生进行岗位技能训练，并把带培情况纳入企业师傅个人绩效考核。学院先后派送11名教师到企业参加顶岗实践半年或一年，了解企业职业岗位任职资格要求，及时将企业的新技术、新工艺等纳入教学内容。同时，针对合作企业生产一线的技术难题，由学院教师和企业师傅联合开展横向技术攻关。

（四）建立健全现代学徒制制度体系

校企共同制定了《现代学徒制试点项目管理办法》《校企合作管理办法》《培训师及师带徒管理办法》等制度文件，建立了校企成本分担机制，明确了学校、企业双方的责任；出台了《学分制和弹性学制管理办法》，明确学生（准员工）在学校学习、企业学习、岗位作业过程中的学分计算办法，实行学分积累和转换制度；建立健全教学质量监控保障体系，保障教学顺利实施；在师资队伍建设方面，制定《专任教师下厂顶岗实践锻炼管理办法》《企业兼职教师聘任管理暂行办法》等制度文件，加大学校与企业之间人员互聘共用、双向挂职锻炼、横向联合技术研发和专业建设的力度。

（五）校企共建校内外实训基地

企业先后向学院捐赠各型号发动机、无人机等教学设备价值520多万元，共建飞机维修等校内实训室8个，共建企业培训中心和校外实训基地。对接企业生产现场，推行实训教学现场星级评价管理制度，大力推行航修精神和职业素养教育，培养学生爱岗敬业、严谨专注、精益求精的工匠精神。

四、工作成效和创新点

（一）主要工作成效

1. 构建了行校企三方合作育人机制

长沙航院充分发挥行业办学优势，联合地方航空企业、科研院所和院校，成立"航空职业教育与技术协同创新中心"，构建协同创新联合体，搭建产教融合、校企合作战略平台，联合开展"学院+企业+行业"的现代学徒制人才培养模式，构建了行校企三方合作育人机制。

2. 打造了"上得了讲台，下得了车间"的双师型教师队伍

长沙航院充分利用"航空职业教育与技术协同创新中心"这一战略平台，大力培养校内双师型教师与企业师傅两支队伍，建立了内培外引、专兼结合、双向交流的校企协同培养机制，构建了初、中、高三级"双师素质"教师培训、考核与认定体系，校企共同锻造一支"上得了讲台，能上一堂好课；下得了车间，能干一手好活"的双师型教师队伍。目前，学院已认定初级双师267人、中级双师35人、高级双师8人，省级青年骨干教师13人，省级专业带头人9人，省级百优工匠、省级技术能手各2人，还有来自企业的82名现代学徒制带培师傅被认定为工厂培训师。学院总结提炼双师型教师培养做法与经验，公开出版的专著《高职院校"双师"教师专业技能培养研究与实践》在湖南省社科成果鉴定中获评"省内先进"。"双师素质"教师分类分级认定考核做法入选《2015中国高等职业教育质量年度报告》。

3. 提升了现代学徒制人才培养质量

长沙航院围绕在校学习、准入资格培训、厂内顶岗实践三个主要环节对试点专业学生开展有针对性的培养。在校学习期间，主要强化学生的专业理论知识和通用基本技能；在暑假期间，开展准入资格培训，白天组织基础技能实训培训，晚上组织准入资格理论学习；在厂内顶岗实践期间，企业先考核学生专业技能的掌握情况，开展基础理论补差工作，再以满足岗位任职要求为目标，采取"师带徒"形式开展具体岗位实践培训，并安排专人负责学生的素质养成教育和日常生活管理。实践证明，相较于传统的人才培养模式，现代学徒制下的人才培养周期至少缩短了半年以上，同时降低了企业的人力资源成本，企业一致反映基于现代学徒制培养的学生专业

基础理论知识全面，操作技能强，上手速度快，由此可见，现代学徒制有效地提升了人才培养质量。

4. 开展了现代学徒制研究

为了总结现代学徒制试点经验，长沙航院与合作企业积极开展现代学徒制试点研究工作，《现代学徒制人才培养模式探索与实践》《高职航空服务专业现代学徒制人才培养模式研究》《基于"三元制"的航空机电设备维修现代学徒制人才培养模式探索与实践》等一批课题获批立项，现代学徒制试点项目建设领导小组和实施小组成员共发表《基于意图解释模型的现代学徒制政策研究》《"3482"模式飞行器维修技术专业现代学徒制研究与实践》《现代学徒制实施障碍与对策思考》《我国现代学徒制人才培养综述》《基于现代学徒制的高职学生思想政治工作研究》《基于五个对接的高职航空服务专业现代学徒制外部保障策略研究》《航空服务专业现代学徒制人才培养模式实施要点分析》《现代学徒制与职业教育的对接》《关于现代学徒制职业教育的对策探究》等10多篇论文，从理论和实践的角度对现代学徒制试点工作进行了探索与总结。

（二）创新点

1. 构建了"3482"现代学徒制人才培养模式

长沙航院采取"校企轮岗、工学交替"的教学组织形式，构建了八段交替人才培养的模式。第一、二阶段（8个月），学生在校学习公共基础知识和专业基础知识；第三阶段（2个月），学生在企业在岗见习，全面了解企业工作岗位操作要求，与企业师傅签订师徒带培协议，开始学徒培养；第四阶段（8个月），学生在校学习岗位任职要求所需的理论知识和基本技能；第五阶段（2个月），由行业组织对学生进行准入资格培训与考核，只有考核合格的学生才能参加下一阶段的学习；第六、七阶段（8个月），企业对学生开展岗位培训，学生完成对应职业岗位需要的专业理论与操作技能学习；第八阶段（2个月），由企业对学生进行岗位资格培训与考核，学生在此阶段完成岗位资格考核与认证，取得从业资格证。由此可见，这种三方、四证、八段、双导师的"3482"现代学徒制人才培养模式使得行企校三方全程参与育人，有力地保障了人才培养的质量。

2. 建立了"学校教育+企业培训"人才一体化培养体系

长沙航院在现代学徒制人才培养方案制定和教学实施过程中，将准入资格培训与考核、企业具体岗位所需的基础理论知识和专业技能纳入学徒在校学习的教学内容中，把学校专业教育和教学管理延伸至学徒企业顶岗阶段，并将职业素养和企业文化贯穿于人才培养全过程。由于试点专业学徒拥有企业准员工身份，因此在严格遵守保密要求的条件下，实现了学校和企业师资、教学资源的共享和无缝衔接，建立了"学校教育+企业培训"人才一体化培养体系。

3. 完善了现代学徒制运行管理机制

校企联合成立现代学徒制试点项目管理办公室，负责统筹协调管理现代学徒制试点工作。由教务处、招生办、各二级学院、创新创业学院等部门负责现代学徒制招生与招工、教学管理与运行等工作。校企双方建立现代学徒制工作会议协调机制，定期或不定期地召开专题会议，跟进试点工作进展情况，研讨、解决存在的问题。校企双方实施信息互通例会制度、项目实施月报制度、学期绩效评估制度、年度评估制度和项目逐级验收制度等，强化进度管理，严格控制进度。行企校三方共同参与建立质量监控与保障体系，实施诊断改进，推进教学改革，提高人才培养质量。校企双方每年投入专项资金用于现代学徒制试点建设，在招生与招工、课程开发、实训室建设、教学工作报酬等方面建立激励机制，同时实行学徒考核退出机制，凡不符合企业要求的，根据三方协议取消学徒资格。由此，建立了一个集协调机制、日常管理机制、激励机制、教学运行及质量保障机制于一体的现代学徒制运行管理机制。

五、典型案例

长沙航院将"敬仰航空、敬重装备、敬畏生命""零缺陷、无差错"的职业素养和"爱岗敬业、严谨专注、精益求精"的工匠精神融入教学全过程，构建"塑匠魂、践匠行、铸匠技、育匠人"的航空工匠新生代人才培养体系。

（1）构建特色文化体系，塑匠魂。学院坚持文化育人，以习近平新时代中国特色社会主义思想为引领，将社会主义核心价值观、中华优秀传统文化、湖湘文化、航空文化、航修文化等有机融合，构建具有浓郁航空特色的文化体系。依托湖南航空馆等爱国主义教育、国防教育、航空科普教育基地和湖南教育电视台国防教育公开课栏目开展一系列的文化教育活动，打造航空特色品牌，提升文化育人能力。培养学生"航空报国"的爱国主义情怀，推动职业技能培养和职业精神培育有机融合，培养一批爱航空、爱航修、爱学院、爱学习的航院骄子。

（2）创新劳动教育必修课，践匠行。早在1993年，学院以培养劳动态度和劳动技能为重点，紧密围绕学生德智体美劳全面发展的目标，创造性地开设了劳动教育课（简称"劳育课"），率先在湖南省将劳育课作为独立思政课与其他思政课并行纳入人才培养方案，开展系统化劳动教育。劳育课贯穿学生的3年学习生涯，分别安排在第一、第三、第五学期，每学期的劳育课时长为一周，学分为4.5分，学生要毕业，劳育课必须合格。在劳育课期间不安排文化学习任务，劳育课的成绩与德智体综合测评、评先评优、推优入党挂钩。通过20多年的坚守与实践，劳育课已成为学院思政课实践教学体系的重要组成部分，成为学生的思政实践必修课。开办劳育课，有利于弘扬"劳动光荣、技能宝贵、创造伟大"的时代风尚，有利于增强学生的劳动意识和爱岗敬业精神，有利于培养学生崇尚劳动、务实重行的优良品德。用人单位普遍反映，学院的毕业生思想政治素质高、工作作风扎实，具备吃苦耐劳和敬业乐业的品质。

（3）实施实训教学现场星级评价管理体系，铸匠技。借鉴现代企业生产管理理念，引入中国质量协会全国企业生产现场管理星级评价，结合职业院校教育教学特点，创建实训教学现场星级评价管理体系。学院陆续开发了实训教学现场管理操作指南和系列标准，依据标准，建成紧密对接企业生产过程的实训基地108个，实现了实训载体"真材实料"、实训操作"真刀实枪"，强化了学生的实践操作能力。同时，强化实践教学过程管理，开发数字化工卡管理系统，将实训内容指标化、步骤程序化、考核数据化，规范和优化了实践教学流程，培养学生严格按工卡施工、按程序操作的规范意识和质量意识。

实践证明，将企业管理标准和企业文化融入实践教学，把职业技能和职业素养培养贯穿于实践教学全过程，有助于培养学生良好的工作行为习惯和严谨细致的工作作风，有助于提升学生的专业技能水平。

（4）推行"3482"现代学徒制人才培养模式，育匠人。学院作为教育部首批现代学徒制试点单位，在总结前期试点工作经验的基础上，不断探索现代学徒制人才培养新途径和新模式。具体做法包括：一是拓宽现代学徒制招生对象与培养类型，全面推行现代学徒制人才培养；二是建立联合招生、分段育人、共同建设、多方评价、成本分担的行企校三方协同育人机制；三是对标行业从业资格要求，构建"专业基础课程+准入课程+从业课程"的模块化课程体系；四是采取"校企轮岗、工学交替"的教学组织形式，实施分段交替培养；五是建立内培外引、专兼结合、双向交流的协同培养机制，校企共同培养技术技能精湛、教学能力强、师德高尚的双导师队伍；六是规范过程管理，构建适应现代学徒制运行的制度体系。实践证明，基于现代学徒制培养的学生，理论知识、专业技能和岗位实践能力均得到了大幅提升。2019年，基于现代学徒制培养的学生获国家级技能大赛一等奖6项、二等奖5项，合作企业普遍反映现代学徒制试点班级的学生专业知识牢、技能水平高、融入企业快、岗位适应能力强。

反侵权盗版声明

电子工业出版社依法对本作品享有专有出版权。任何未经权利人书面许可,复制、销售或通过信息网络传播本作品的行为,歪曲、篡改、剽窃本作品的行为,均违反《中华人民共和国著作权法》,其行为人应承担相应的民事责任和行政责任,构成犯罪的,将被依法追究刑事责任。

为了维护市场秩序,保护权利人的合法权益,我社将依法查处和打击侵权盗版的单位和个人。欢迎社会各界人士积极举报侵权盗版行为,本社将奖励举报有功人员,并保证举报人的信息不被泄露。

举报电话:(010)88254396;(010)88258888
传　　真:(010)88254397
E-mail:　dbqq@phei.com.cn
通信地址:北京市海淀区万寿路 173 信箱
　　　　　电子工业出版社总编办公室
邮　　编:100036